U0948787

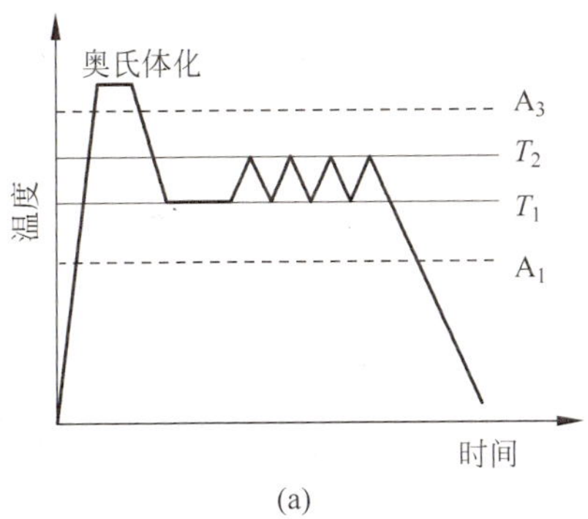

(a)

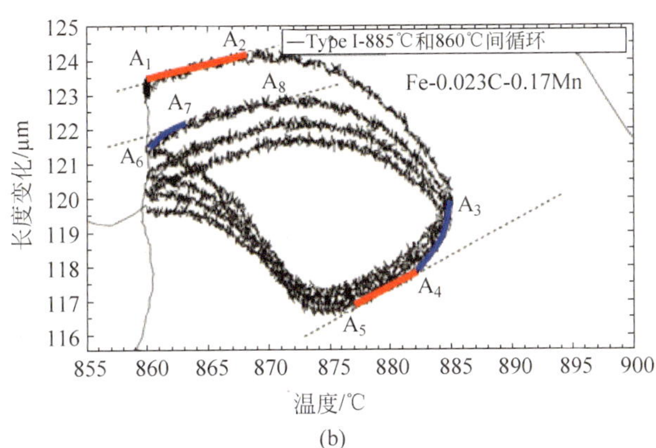

(b)

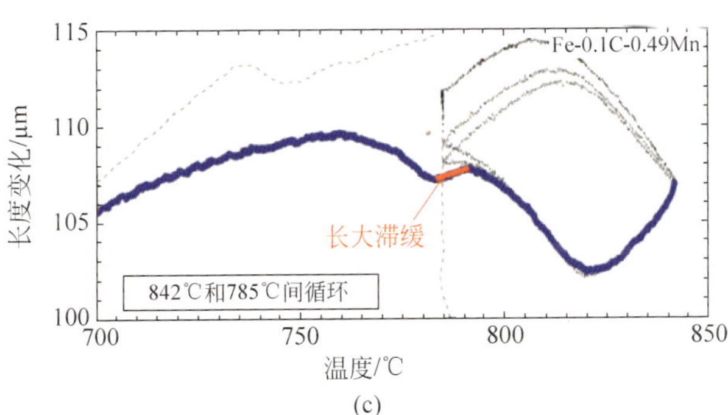

(c)

图 1.10 循环相变热处理示意图(a)及对应的热膨胀实验结果[48-49](b)与(c)

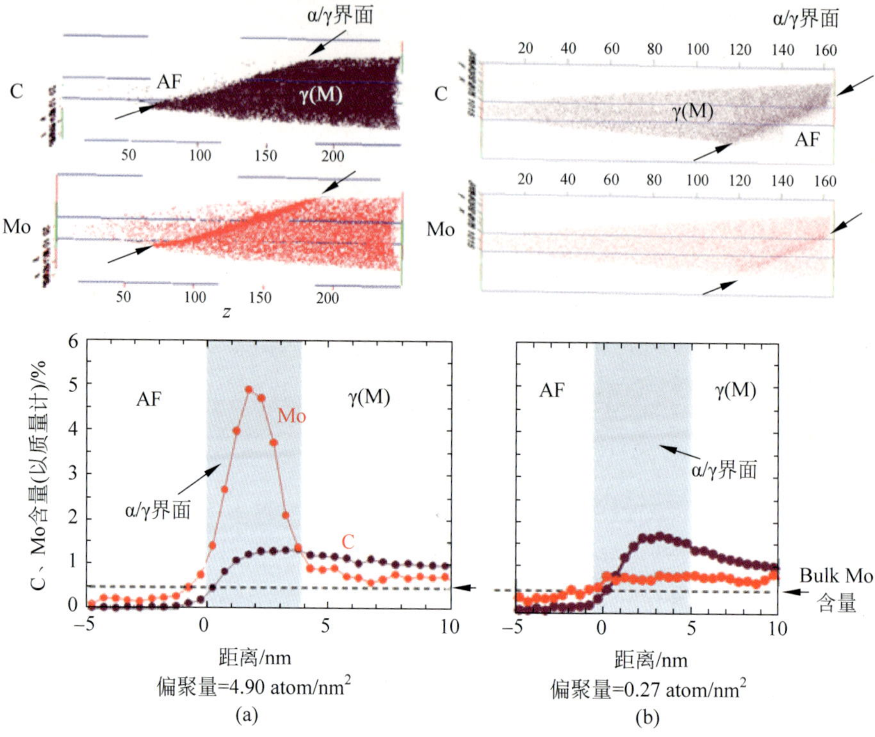

图 1.15 界面晶体学特征对 Mo 在α/γ界面处偏聚的影响[7]

(a) non K-S 界面；(b) K-S 界面

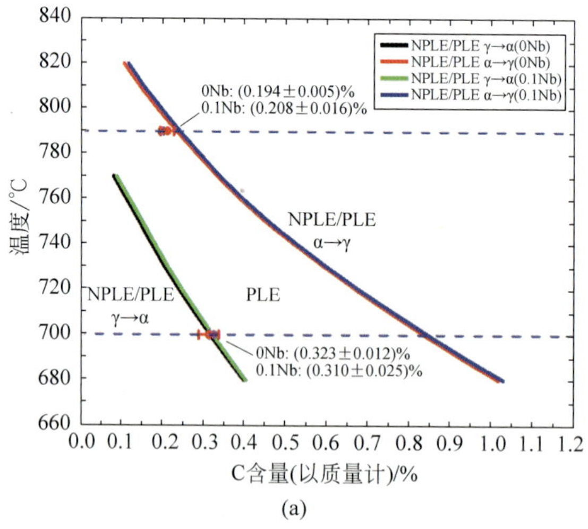

图 3.2 热处理工艺的指导相图及三种不同类型的循环相变实验

(a) 基于局域平衡模型的 γ/(α+γ)相图；(b) I1 型；(c) H1 型；(d) H2 型

1250°C, 5 min
$A_{solution}$
A_{e3}
20°C/s
20°C/s
700°C
10°C/min
800°C
30 min, 0Nb/40 min, 0.1Nb
100°C/s
I1型实验
温度
时间
(b)
1250°C, 5 min
$A_{solution}$
A_{e3}
20°C/s
20°C/s
700°C
5°C/s
790°C, 20 min
10°C/min
680°C
30 min, 0Nb/40 min, 0.1Nb
100°C/s
H1型实验
温度
时间
(c)
1250°C, 5 min
$A_{solution}$
A_{e3}
20°C/s
20°C/s
700°C
5°C/s
790°C, 20 min
5°C/s
790°C,
20 min
30 min, 0Nb/40 min, 0.1Nb
100°C/s
H2型实验
温度
时间
(d)

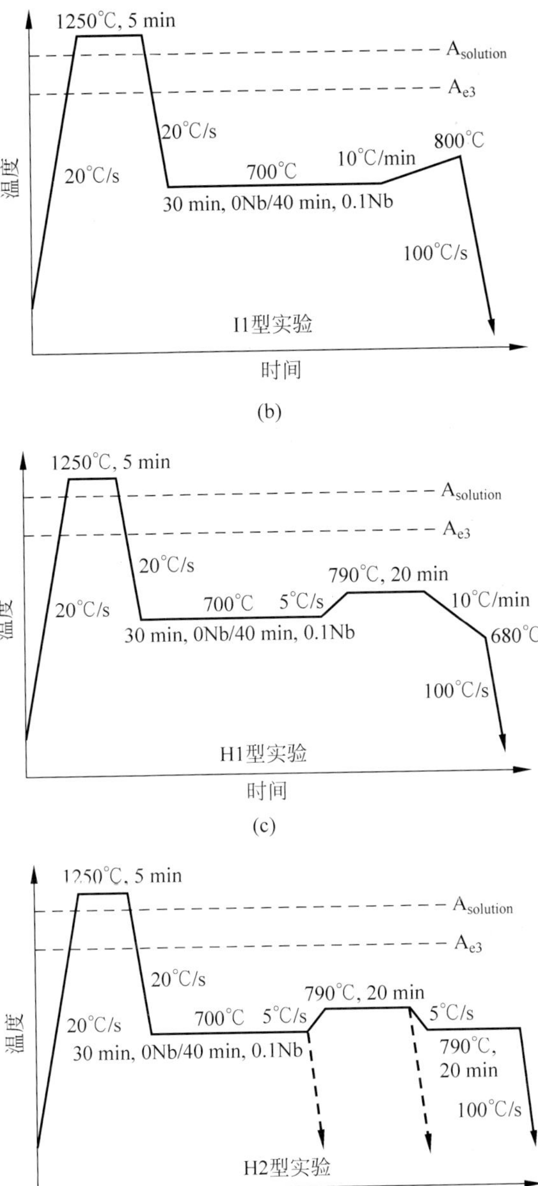

图 3.2(续)

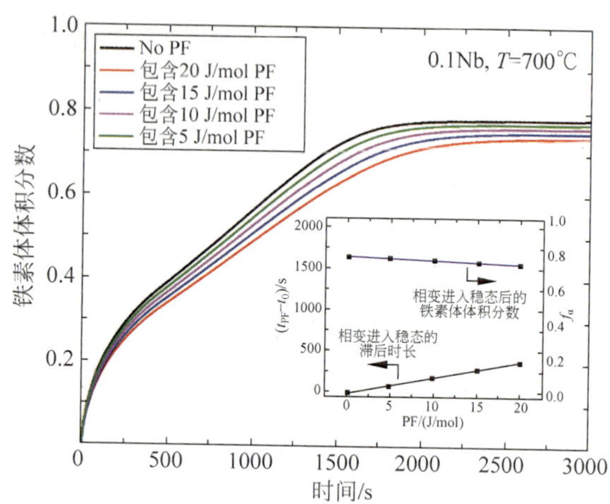

图 3.14　用 GEB 模型模拟的 0.1Nb 合金在 700℃ 等温时的铁素体长大动力学曲线

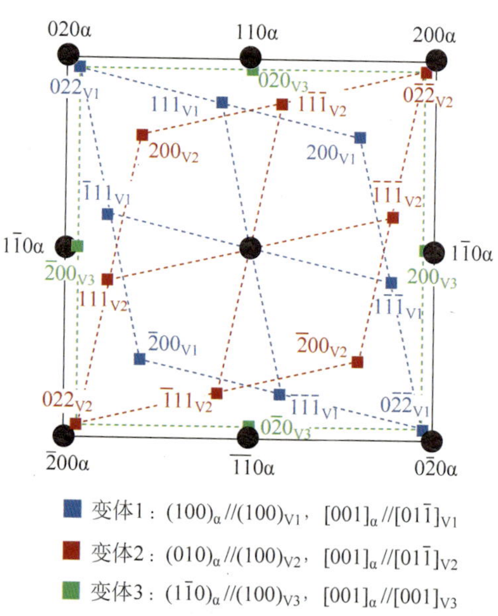

图 4.2　铁素体基体与 NbC 在 B-N 位向关系下的衍射花样图

入射电子束方向为$[001]_\alpha$

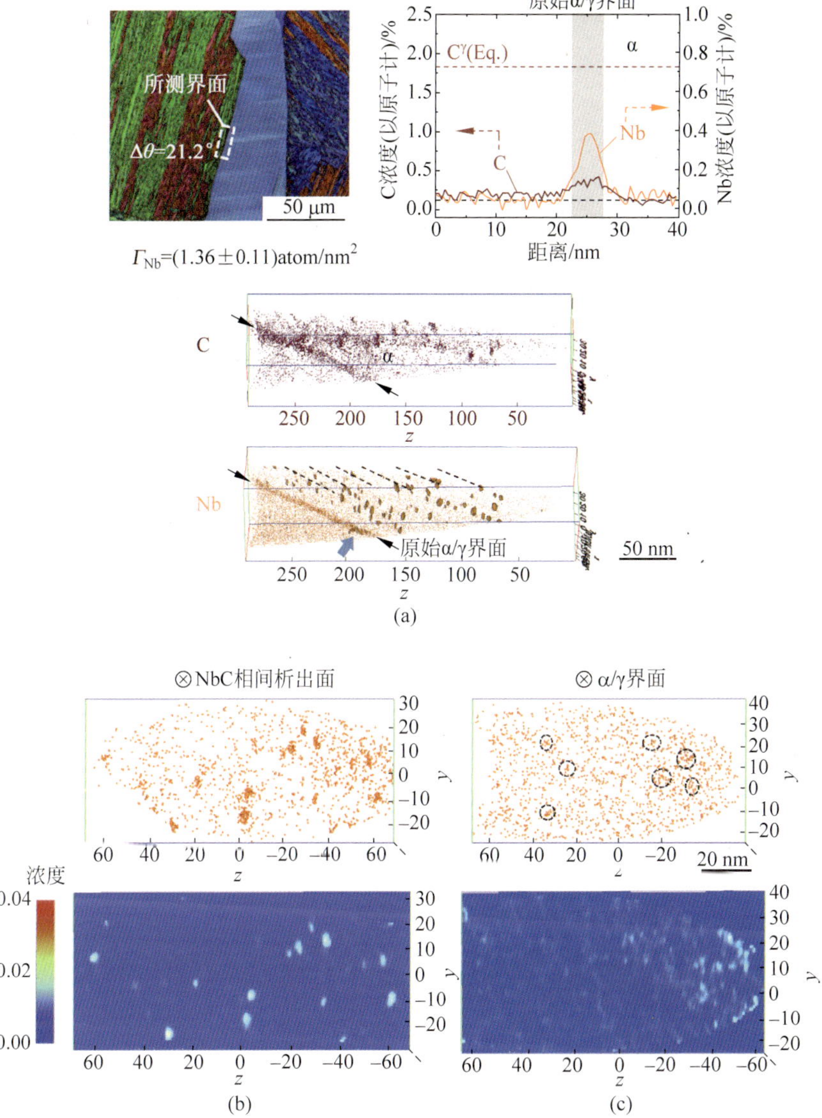

图 4.36　0.06Nb 合金在 750℃ 等温 30 s 后的 3DAP 测定结果

(a) 铁素体方位图,C、Nb 原子分布图及穿过 α/γ 界面的一维浓度分布结果;(b) 某相间析出片内的 Nb 原子分布图及对应的二维等高线浓度图;(c) α/γ 界面内的 Nb 原子分布图及对应的二维等高线浓度图

清华大学优秀博士学位论文丛书

合金元素偏聚与析出对钢中α/γ界面迁移行为的影响

董浩凯（Dong Haokai）著

Effects of alloying element segregation and precipitation on moving α/γ interface in steels

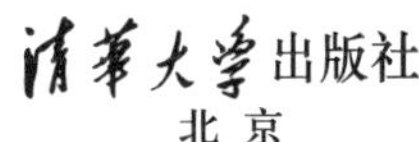

北京

内 容 简 介

本着“由简入繁”的研究思路，本书首先通过高精度实验系统研究了 Fe-C 二元体系中 α/γ 界面的迁移动力学，导出了其本征迁移率，为后续界面本征摩擦的可靠估算提供了支持；其次结合实验与理论模型定量分析了含 Nb 低碳钢中相间析出碳化物对移动 α/γ 界面的钉扎作用，阐明了其物理本质；最后对 Fe-C-Nb 模型合金的铁素体相变进行了深入探究，揭示了元素偏聚与析出对钢中相变动力学的影响规律。

本书适合金属材料专业的研究生、从事金属固态相变研究工作的学者及高校教师阅读参考。

图书在版编目（CIP）数据

合金元素偏聚与析出对钢中 α/γ 界面迁移行为的影响 / 董浩凯著. 北京 ：清华大学出版社，2025. 7. --（清华大学优秀博士学位论文丛书）.
ISBN 978-7-302-68421-3

Ⅰ. TG161

中国国家版本馆 CIP 数据核字第 2025W0Z272 号

责任编辑：李双双
封面设计：傅瑞学
责任校对：薄军霞
责任印制：刘海龙

出版发行：清华大学出版社
网　　址：https://www.tup.com.cn，https://www.wqxuetang.com
地　　址：北京清华大学学研大厦 A 座　　**邮　　编**：100084
社 总 机：010-83470000　　**邮　　购**：010-62786544
投稿与读者服务：010-62776969，c-service@tup.tsinghua.edu.cn
质量反馈：010-62772015，zhiliang@tup.tsinghua.edu.cn
印 装 者：三河市东方印刷有限公司
经　　销：全国新华书店
开　　本：155mm×235mm　**印　张**：9.75　**插　页**：3　**字　数**：175 千字
版　　次：2025 年 7 月第 1 版　**印　次**：2025 年 7 月第1 次印刷
定　　价：79.00 元

产品编号：096582-01

一流博士生教育
体现一流大学人才培养的高度(代丛书序)[①]

人才培养是大学的根本任务。只有培养出一流人才的高校,才能够成为世界一流大学。本科教育是培养一流人才最重要的基础,是一流大学的底色,体现了学校的传统和特色。博士生教育是学历教育的最高层次,体现出一所大学人才培养的高度,代表着一个国家的人才培养水平。清华大学正在全面推进综合改革,深化教育教学改革,探索建立完善的博士生选拔培养机制,不断提升博士生培养质量。

学术精神的培养是博士生教育的根本

学术精神是大学精神的重要组成部分,是学者与学术群体在学术活动中坚守的价值准则。大学对学术精神的追求,反映了一所大学对学术的重视、对真理的热爱和对功利性目标的摒弃。博士生教育要培养有志于追求学术的人,其根本在于学术精神的培养。

无论古今中外,博士这一称号都和学问、学术紧密联系在一起,和知识探索密切相关。我国的博士一词起源于2000多年前的战国时期,是一种学官名。博士任职者负责保管文献档案、编撰著述,须知识渊博并负有传授学问的职责。东汉学者应劭在《汉官仪》中写道:“博者,通博古今;士者,辩于然否。”后来,人们逐渐把精通某种职业的专门人才称为博士。博士作为一种学位,最早产生于12世纪,最初它是加入教师行会的一种资格证书。19世纪初,德国柏林大学成立,其哲学院取代了以往神学院在大学中的地位,在大学发展的历史上首次产生了由哲学院授予的哲学博士学位,并赋予了哲学博士深层次的教育内涵,即推崇学术自由、创造新知识。哲学博士的设立标志着现代博士生教育的开端,博士则被定义为独立从事学术研究、具备创造新知识能力的人,是学术精神的传承者和光大者。

① 本文首发于《光明日报》,2017年12月5日。

博士生学习期间是培养学术精神最重要的阶段。博士生需要接受严谨的学术训练，开展深入的学术研究，并通过发表学术论文、参与学术活动及博士论文答辩等环节，证明自身的学术能力。更重要的是，博士生要培养学术志趣，把对学术的热爱融入生命之中，把捍卫真理作为毕生的追求。博士生更要学会如何面对干扰和诱惑，远离功利，保持安静、从容的心态。学术精神，特别是其中所蕴含的科学理性精神、学术奉献精神，不仅对博士生未来的学术事业至关重要，对博士生一生的发展都大有裨益。

独创性和批判性思维是博士生最重要的素质

博士生需要具备很多素质，包括逻辑推理、言语表达、沟通协作等，但是最重要的素质是独创性和批判性思维。

学术重视传承，但更看重突破和创新。博士生作为学术事业的后备力量，要立志于追求独创性。独创意味着独立和创造，没有独立精神，往往很难产生创造性的成果。1929 年 6 月 3 日，在清华大学国学院导师王国维逝世二周年之际，国学院师生为纪念这位杰出的学者，募款修造“海宁王静安先生纪念碑”，同为国学院导师的陈寅恪先生撰写了碑铭，其中写道：“先生之著述，或有时而不章；先生之学说，或有时而可商；惟此独立之精神，自由之思想，历千万祀，与天壤而同久，共三光而永光。”这是对于一位学者的极高评价。中国著名的史学家、文学家司马迁所讲的“究天人之际，通古今之变，成一家之言”也是强调要在古今贯通中形成自己独立的见解，并努力达到新的高度。博士生应该以“独立之精神、自由之思想”来要求自己，不断创造新的学术成果。

诺贝尔物理学奖获得者杨振宁先生曾在 20 世纪 80 年代初对到访纽约州立大学石溪分校的 90 多名中国学生、学者提出：“独创性是科学工作者最重要的素质。”杨先生主张做研究的人一定要有独创的精神、独到的见解和独立研究的能力。在科技如此发达的今天，学术上的独创性变得越来越难，也愈加珍贵和重要。博士生要树立敢为天下先的志向，在独创性上下功夫，勇于挑战最前沿的科学问题。

批判性思维是一种遵循逻辑规则、不断质疑和反省的思维方式，具有批判性思维的人勇于挑战自己，敢于挑战权威。批判性思维的缺乏往往被认为是中国学生特有的弱项，也是我们在博士生培养方面存在的一个普遍问题。2001 年，美国卡内基基金会开展了一项“卡内基博士生教育创新计划”，针对博士生教育进行调研，并发布了研究报告。该报告指出：在美国和欧洲,培养学生保持批判而质疑的眼光看待自己、同行和导师的观点同样非常不容易,批判性思维的培养必须成为博士生培养项目的组成部分。

对于博士生而言,批判性思维的养成要从如何面对权威开始。为了鼓励学生质疑学术权威、挑战现有学术范式,培养学生的挑战精神和创新能力,清华大学在2013年发起"巅峰对话",由学生自主邀请各学科领域具有国际影响力的学术大师与清华学生同台对话。该活动迄今已经举办了21期,先后邀请17位诺贝尔奖、3位图灵奖、1位菲尔兹奖获得者参与对话。诺贝尔化学奖得主巴里·夏普莱斯(Barry Sharpless)在2013年11月来清华参加"巅峰对话"时,对于清华学生的质疑精神印象深刻。他在接受媒体采访时谈道:"清华的学生无所畏惧,请原谅我的措辞,但他们真的很有胆量。"这是我听到的对清华学生的最高评价,博士生就应该具备这样的勇气和能力。培养批判性思维更难的一层是要有勇气不断否定自己,有一种不断超越自己的精神。爱因斯坦说:"在真理的认识方面,任何以权威自居的人,必将在上帝的嬉笑中垮台。"这句名言应该成为每一位从事学术研究的博士生的箴言。

提高博士生培养质量有赖于构建全方位的博士生教育体系

一流的博士生教育要有一流的教育理念,需要构建全方位的教育体系,把教育理念落实到博士生培养的各个环节中。

在博士生选拔方面,不能简单按考分录取,而是要侧重评价学术志趣和创新潜力。知识结构固然重要,但学术志趣和创新潜力更关键,考分不能完全反映学生的学术潜质。清华大学在经过多年试点探索的基础上,于2016年开始全面实行博士生招生"申请-审核"制,从原来的按照考试分数招收博士生,转变为按科研创新能力、专业学术潜质招收,并给予院系、学科、导师更大的自主权。《清华大学"申请-审核"制实施办法》明晰了导师和院系在考核、遴选和推荐上的权力和职责,同时确定了规范的流程及监管要求。

在博士生指导教师资格确认方面,不能论资排辈,要更看重教师的学术活力及研究工作的前沿性。博士生教育质量的提升关键在于教师,要让更多、更优秀的教师参与到博士生教育中来。清华大学从2009年开始探索将博士生导师评定权下放到各学位评定分委员会,允许评聘一部分优秀副教授担任博士生导师。近年来,学校在推进教师人事制度改革过程中,明确教研系列助理教授可以独立指导博士生,让富有创造活力的青年教师指导优秀的青年学生,师生相互促进、共同成长。

在促进博士生交流方面，要努力突破学科领域的界限，注重搭建跨学科的平台。跨学科交流是激发博士生学术创造力的重要途径，博士生要努力提升在交叉学科领域开展科研工作的能力。清华大学于 2014 年创办了“微沙龙”平台，同学们可以通过微信平台随时发布学术话题，寻觅学术伙伴。3 年来，博士生参与和发起“微沙龙”12000 多场，参与博士生达 38000 多人次。“微沙龙”促进了不同学科学生之间的思想碰撞，激发了同学们的学术志趣。清华于 2002 年创办了博士生论坛，论坛由同学自己组织，师生共同参与。博士生论坛持续举办了 500 期，开展了 18000 多场学术报告，切实起到了师生互动、教学相长、学科交融、促进交流的作用。学校积极资助博士生到世界一流大学开展交流与合作研究，超过 60% 的博士生有海外访学经历。清华于 2011 年设立了发展中国家博士生项目，鼓励学生到发展中国家亲身体验和调研，在全球化背景下研究发展中国家的各类问题。

在博士学位评定方面，权力要进一步下放，学术判断应该由各领域的学者来负责。院系二级学术单位应该在评定博士论文水平上拥有更多的权力，也应担负更多的责任。清华大学从 2015 年开始把学位论文的评审职责授权给各学位评定分委员会，学位论文质量和学位评审过程主要由各学位分委员会进行把关，校学位委员会负责学位管理整体工作，负责制度建设和争议事项处理。

全面提高人才培养能力是建设世界一流大学的核心。博士生培养质量的提升是大学办学质量提升的重要标志。我们要高度重视、充分发挥博士生教育的战略性、引领性作用，面向世界、勇于进取，树立自信、保持特色，不断推动一流大学的人才培养迈向新的高度。

邱勇

清华大学校长

2017 年 12 月

丛书序二

以学术型人才培养为主的博士生教育，肩负着培养具有国际竞争力的高层次学术创新人才的重任，是国家发展战略的重要组成部分，是清华大学人才培养的重中之重。

作为首批设立研究生院的高校，清华大学自20世纪80年代初开始，立足国家和社会需要，结合校内实际情况，不断推动博士生教育改革。为了提供适宜博士生成长的学术环境，我校一方面不断地营造浓厚的学术氛围，另一方面大力推动培养模式创新探索。我校从多年前就已开始运行一系列博士生培养专项基金和特色项目，激励博士生潜心学术、锐意创新，拓宽博士生的国际视野，倡导跨学科研究与交流，不断提升博士生培养质量。

博士生是最具创造力的学术研究新生力量，思维活跃，求真求实。他们在导师的指导下进入本领域研究前沿，汲取本领域最新的研究成果，拓宽人类的认知边界，不断取得创新性成果。这套优秀博士学位论文丛书，不仅是我校博士生研究工作前沿成果的体现，也是我校博士生学术精神传承和光大的体现。

这套丛书的每一篇论文均来自学校新近每年评选的校级优秀博士学位论文。为了鼓励创新，激励优秀的博士生脱颖而出，同时激励导师悉心指导，我校评选校级优秀博士学位论文已有20多年。评选出的优秀博士学位论文代表了我校各学科最优秀的博士学位论文的水平。为了传播优秀的博士学位论文成果，更好地推动学术交流与学科建设，促进博士生未来发展和成长，清华大学研究生院与清华大学出版社合作出版这些优秀的博士学位论文。

感谢清华大学出版社，悉心地为每位作者提供专业、细致的写作和出版指导，使这些博士论文以专著方式呈现在读者面前，促进了这些最新的优秀研究成果的快速广泛传播。相信本套丛书的出版可以为国内外各相关领域或交叉领域的在读研究生和科研人员提供有益的参考，为相关学科领域的发展和优秀科研成果的转化起到积极的推动作用。

感谢丛书作者的导师们。这些优秀的博士学位论文，从选题、研究到成文，离不开导师的精心指导。我校优秀的师生导学传统，成就了一项项优秀的研究成果，成就了一大批青年学者，也成就了清华的学术研究。感谢导师们为每篇论文精心撰写序言，帮助读者更好地理解论文。

感谢丛书的作者们。他们优秀的学术成果，连同鲜活的思想、创新的精神、严谨的学风，都为致力于学术研究的后来者树立了榜样。他们本着精益求精的精神，对论文进行了细致的修改完善，使之在具备科学性、前沿性的同时，更具系统性和可读性。

这套丛书涵盖清华众多学科，从论文的选题能够感受到作者们积极参与国家重大战略、社会发展问题、新兴产业创新等的研究热情，能够感受到作者们的国际视野和人文情怀。相信这些年轻作者们勇于承担学术创新重任的社会责任感能够感染和带动越来越多的博士生，将论文书写在祖国的大地上。

祝愿丛书的作者们、读者们和所有从事学术研究的同行们在未来的道路上坚持梦想，百折不挠！在服务国家、奉献社会和造福人类的事业中不断创新，做新时代的引领者。

相信每一位读者在阅读这一本本学术著作的时候，在汲取学术创新成果、享受学术之美的同时，能够将其中所蕴含的科学理性精神和学术奉献精神传播和发扬出去。

清华大学研究生院院长

2018 年 1 月 5 日

导师序言

钢铁材料是一个很奇妙的材料，虽然用途极广，人人熟悉，并被长期广泛深入研究，但其多变的、复杂的内部结构和变化过程一直吸引着学术界的广泛兴趣，而且还有着很多未解之谜。在纯铁中加入千分之几的碳就可以把其强度提高数倍，甚至同样化学成分的钢铁仅仅通过热处理，强度也可以相差数倍。除了储量丰富外，这也是其成为工业界使用量最大的金属材料的一个重要原因（中国目前实际钢产量接近每年人均 1 t）。作为现代工业的基石，其性能的持续提升优化始终是材料科学研究的核心驱动力。微观组织的精确调控是实现钢铁材料高性能化的关键，而固态相变作为理解组织演变的核心物理过程，其机理研究兼具重要的科学意义与工程价值。

在众多影响钢铁相变的因素中，合金元素的作用尤为复杂，特别是强碳化物形成元素（如 Nb、V、Ti）在界面处的偏聚与相间析出行为，因涉及热力学、动力学、晶体学等多尺度、多物理场的强耦合作用，成为物理冶金领域长期以来的研究难点和前沿热点。董浩凯博士的论文以此为切入点，聚焦于“合金元素偏聚与析出对钢中奥氏体/铁素体（α/γ）界面迁移行为的影响”，开展了一系列系统而深入的研究，取得了阶段性的创新成果。其论文入选“清华大学优秀博士学位论文丛书”，实至名归。

通览全书，作者展现了清晰的“由简入繁”研究思路。他首先回归基础，以高纯 Fe-C 二元模型合金为研究对象，利用高精度的场发射电子探针显微分析直接测定生长中的仿晶界铁素体与魏氏体铁素体前沿奥氏体中的碳浓度。这一关键数据使得能量耗散值的精确估算成为可能。结合对界面迁移速率的细致测量，作者定量对比估算出了非共格与半共格两种不同类型相界面的本征迁移率（后者比前者约小一个数量级），同时揭示了伴随魏氏体铁素体切变长大产生的相变应变能（约 20 J/mol）。这项工作为整个领域提供了关于界面本征属性的关键基准数据，为后续深入理解更复杂体系中界面迁移受阻的机理奠定了坚实基础。

在奠定二元体系基础后，作者将目光投向强碳化物形成元素 Nb 的影响，设计了循环相变实验方案，巧妙地实现了移动 α/γ 界面与相间析出

NbC 颗粒的交互作用。通过精心控制初始条件并结合热膨胀仪记录相变动力学，作者清晰地捕捉到相间析出 NbC 对界面迁移的显著钉扎效应，表现为相变起始温度的滞后。运用界面处吉布斯自由能守恒模型，作者定量估算出了正逆奥氏体-铁素体相变过程中钉扎力对应的能量耗散值，分别约为 15 J/mol 和 5 J/mol。

作者进一步系统研究了不同 Nb 含量合金在 750～850℃的铁素体等温相变动力学，实现了对同一迁移 α/γ 界面的晶体学性质、能量耗散值及元素偏聚量的准原位、多尺度、全方位的定量分析，提出了 Nb 在非共格界面上的显著偏聚是引起相变动力学变缓的主要原因。作者将测得的界面移动速率、能量耗散值及 Nb 偏聚量与溶质拖曳理论模型进行了交叉对比分析，定量揭示了它们之间的物理联系，并优化确定了 Nb 的界面偏聚能和跨界面扩散系数等关键参数。此外，研究发现，伴随的相间析出 NbC 通过消耗铁素体中的固溶 Nb 来削弱溶质拖曳效应，从而对相变动力学产生了复杂影响。

作为董浩凯同学的博士研究生导师，我见证了他从课题选择、方案设计、实验攻关到论文撰写的全过程。他面对高难度实验的坚韧不拔，面对挫折时的冷静思考，以及追求卓越、精益求精的态度，都给我留下了深刻印象。能够指导如此优秀的学生完成这项高水平的研究工作，是我莫大的荣幸。他是我所指导的研究生中第一位获得清华大学优秀博士学位论文的学生，也是首个获得 *Acta Materialia* 期刊颁发的 Acta Student Award 奖的清华学生。实际上，董浩凯同学的论文是在清华大学陈浩教授和日本东北大学古原忠教授的具体指导下完成的，借此机会也非常感谢他们的高水平指导和辛勤付出。同时，我也要感谢所有关心和帮助过董浩凯同学的老师、同学和朋友，没有你们的支持和帮助，董浩凯同学的博士学位论文不可能取得如此优异的成绩。

"一流博士生教育体现一流大学人才培养的高度"。董浩凯博士的这项优秀工作，正是清华大学致力于培养具有"独立之精神，自由之思想"，兼具创新能力与国际视野的顶尖人才的成功例证。他的研究成果不仅丰富了现代物理冶金的知识宝库，也为钢铁材料的微观组织精准调控和性能优化提供了新的科学依据和实验支持。

衷心希望本书的出版能促进相关领域学者、研究生的交流与学习，激发更多创新思想。也祝愿董浩凯博士在未来的科研道路上，继续秉持求真务实的科学精神，勇攀高峰，取得更加辉煌的成就！

杨志刚

2025 年 7 月 1 日于清华园

摘　要

固态相变是调控材料微观组织的重要手段。向钢中添加合金元素可显著改变钢的相变热动力学，进而影响其组织和性能。相比于元素配分，元素偏聚与析出对钢中铁素体(α)/奥氏体(γ)界面迁移行为的影响更为复杂，且相关工作至今鲜有报道。本着“由简入繁”的研究思路，本书将以解析引起界面处能量耗散的各类因素为突破口，结合先进表征手段和热动力学计算，系统研究界面本征迁移率、析出相钉扎，以及溶质拖曳效应对铁素体长大动力学的影响。

界面本征迁移率是用于估算界面本征摩擦及理解相变机制的重要参数。首先，本书以 Fe-0.1C 二元模型合金为研究对象，利用高精度 FE-EPMA 直接测定生长晶界铁素体与魏氏体铁素体的界面处 C 含量来导出能量耗散值，并结合界面移动速率拟合得到非共格相界面和半共格相界面的本征迁移率。结果表明，半共格界面的本征迁移率值比非共格界面约小一个数量级；前者在迁移过程中因相变应变引起的能量耗散约为 20 J/mol，而后者则可忽略不计。

其次，本书通过设计循环相变实验系统研究了移动 α/γ 界面与纳米相间析出 NbC 间的交互作用，并结合吉布斯自由能守恒模型定量估算了钉扎力。研究表明，起始奥氏体(或铁素体)相变温度的滞后源于相间析出 NbC 对相界面的钉扎作用，其对应的能量耗散值与经典 Zener 理论的预测值相当。不同相变方向的钉扎力大小差异可能与循环相变过程中碳化物/基体的界面共格性转变及碳化物粗化有关。

最后，本书通过等温热处理实验深入探讨了 Fe-0.1C-(0,0.03,0.06)Nb 合金在 750～850℃下的铁素体相变动力学，重点利用背向散射电子衍射技术(EBSD)、场发射-电子探针显微分析(FE-EPMA)和三维原子探针(3DAP)组成的多尺度表征手段测定同一界面的晶体学性质、能量耗散值及元素偏聚量，并结合溶质拖曳理论定量揭示了界面移动速率与能量耗散间的物理联系。结果表明，Nb 在非共格 α/γ 界面上的偏聚是引起相变动力学变缓的主要原因；同时，伴随的相间析出 NbC 可通过消耗铁素体中固溶 Nb 含量来削弱溶质拖曳效应，从而改变相变动力学。

基于以上研究成果，本书可进一步加深人们对元素偏聚、碳化物析出与界面迁移间耦合作用机制的理解，厘清影响相变动力学的主导因素，丰富近代物理冶金知识，为钢铁材料的微观组织调控和力学性能优化提供实验和理论支持。

关键词：元素偏聚；相间析出；界面迁移；能量耗散；三维原子探针

Abstract

Solid-state phase transformation is a vital means to control the microstructure of materials. Addition of alloying elements can remarkably affect the thermo-kinetics of phase transformation, and thereby determines the microstructure and mechanical performance. Compared with element partitioning, the effects of elemental segregation and precipitation on moving α/γ interface is more complex due to its coupling characteristic, and the work relevant has been seldom reported so far. Based on a "simple to complicated" methodology, this book will take the analysis of various energy dissipation factors at the interface as a breakthrough point and combine the advanced experimental characterization means with thermo-kinetics calculation, to systematically study the influences of interface intrinsic mobility, precipitates pinning and solute drag effect on ferrite growth kinetics.

Interface intrinsic mobility is an important physical parameter for evaluating the interface friction and understanding the phase transformation mechanism. For the first time, the intrinsic mobility of both incoherent and semicoherent interfaces has been comparatively studied on growing allotriomorphic ferrite (AF) and Widmanstätten ferrite (WF) in an Fe-0.1C model alloy, the amounts of which are obtained by fitting the interface velocity with the energy dissipation estimated from the interfacial C content quantified through FE-EMPA with high precision. The results show that the value of intrinsic mobility for semicoherent interface is about one order of magnitude smaller than that of the incoherent interface, and the extrinsic energy dissipation for AF is negligibly small whereas that for WF is about 20 J/mol, which should correspond to the dissipationby associated transformation strain.

Then, the interaction between the moving α/γ interface and the interphase precipitated NbC was studied by a series of designed partial cyclic phase transformation experiments, and the pinning force was quantitatively evaluated by a so-called Gibbs energy balance (GEB) model. It is found that the delay of the initial austenite (or ferrite) formation temperature is due to the pinning effect exerted by NbC interphase precipitates on the migrating α/γ interface, which corresponds to an energy dissipation having comparable values with those predicated by the classical Zener pinning theory. The pinning force dependence on transformation direction may be related to the coherency change of carbide-matrix interface and the carbide coarsening behavior during cycling.

Finally, the ferrite transformation kinetics in a series of Fe-0.1C-(0, 0.03Nb, 0.06Nb) alloys was deeply studied by isothermal heat treatments at 750～850℃. Emphasis was placed on the determination of crystallographic orientation relationship, energy dissipation and elemental segregation at the same interface using EBSD, FE-EPMA and 3DAP. The physical relationship between the interface migration rate and the energy dissipation was critically discussed by solute drag theory. It indicates that the Nb segregation at the migrating incoherent α/γ interface is the main cause for growth retardation of allotriomorphic ferrite. Meanwhile, the accompanied interphase precipitation of NbC can alter the transformation kinetics by weakening the solute drag effect via consumption of Nb solutes in ferrite.

The results above can improvethegeneral understanding of the coupling mechanism between elemental segregation, carbideprecipitation and interface migration, identify the dominant factors for the phase transformation kinetics, enrich the knowledge of modernphysical metallurgy, and provide an experimental and theoretical support on microstructural control and mechanical properties optimization of steels.

Key words: elemental segregation; interphase precipitation; interface migration; energy dissipation; three-dimensional atom probe

目　录

第1章　绪　　论

1.1　选题背景及意义

钢铁作为目前应用最广泛的金属材料之一，在建筑、能源、交通及军工等诸多行业扮演着举足轻重的角色。在钢铁产量方面，我国于21世纪初就已跻身世界钢铁产量大国的行列，但在钢铁质量方面依然与发达国家存在较大差距。可以预见，随着全球经济和社会的高速发展，未来钢铁行业势必将朝着节能减排及智能自动的方向发展，这对钢铁材料的高性能化提出了更高要求。

钢铁材料的力学性能优化离不开对其微观组织（如相组成、含量、分布及形貌等参数）的精确调控和设计。固态相变作为理解钢中微观组织演变的重要依据，对其进行深入研究具有科学与应用的双重意义。通常，材料中的相变涉及热力学和动力学两个方面，其中热力学决定了相变方向，而动力学决定了相变路径与进程，两者相互耦合共同决定了最终相变产物。图1.1是碳素钢在不同热处理温度及C含量下的典型相变产物[1]，其中铁素体（α）、奥氏体（γ）和渗碳体（θ，未标出）为平衡相，而贝氏体（B）与马氏体（M）为奥氏体的非平衡分解产物，一般不在相图中标出。珠光体为铁素体与渗碳体的机械混合物，根据形貌可分为层片状珠光体和退化珠光体。由这些相的自由搭配所形成的微观组织多样性为开发新型钢种提供了巨大潜力，尤其是在汽车钢领域，近年来涌现出如双相钢、相变诱导塑性钢、淬火-配分钢等一系列性能优异的先进高强钢[2]，极大地推动了汽车轻量化与安全性能的提高。

除了间隙型原子C外，商业用钢中通常会加入多种置换型合金元素X来调控奥氏体分解动力学，以期获得所需的微观组织和性能。例如，在普碳钢或仅含有非碳化物形成元素（如Mn、Ni、Si）的钢中（见图1.2(a)），贝氏体转变区域往往会被铁素体和珠光体转变区域重叠，使得整体的TTT曲线呈现 C 形，进而能在较宽的冷速范围内得到铁素体、珠光体或马氏体；而当添加合金元素硼(B)或碳化物形成元素(如 Cr、Mo、Nb)时(见图 1.2(b))，铁素体和珠光体转变区域会被显著推迟，而贝氏体区域基本保持不变，进而形成了所谓的“海湾区”(bay)。海湾区的存在大幅提高了钢的淬透性，为工业厚板的组织调控及强韧化提供了保障。

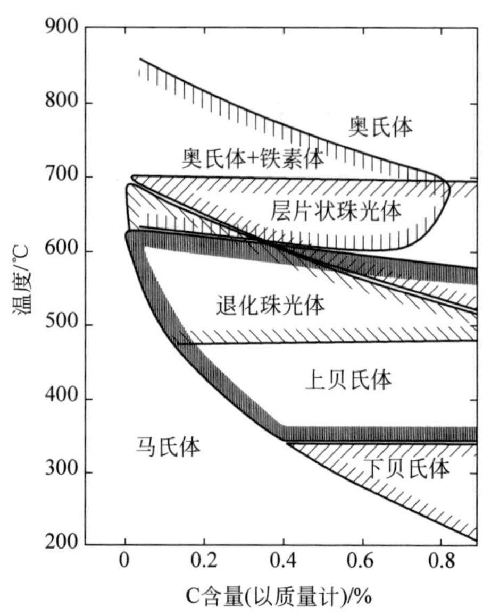

图 1.1 温度和 C 含量对中低碳钢奥氏体分解产物的影响[1]

事实上，考虑到高温未转变奥氏体能直接影响低温的贝氏体及马氏体相变，研究合金元素对奥氏体向铁素体转变动力学的影响显得尤为重要。在热力学上，依据不同合金元素在奥氏体和铁素体中的稳定性可将其分为奥氏体稳定元素(如 Mn、Ni)与铁素体稳定元素(如 Si、Al、Mo)。这些元素的添加可改变相图上 α＋γ 两相区的边界位置，从而改变相变驱动力。在动力学上，由于置换型合金元素的扩散速率比 C 小 4～5 个数量级，导致铁素体相变过程中存在着 C 扩散控制、合金元素扩散控制等诸多模式的转变，进而显著影响了铁素体生长动力学。此外，由于置换型溶质原子与铁原子的尺寸差异，前者更倾向偏聚至无序度更高的界面处，从而降低体系能量。元素与界面的结合能是衡量元素偏析能力的重要参数。表 1.1 列出了由第一性原理计算所得的常用合金元素的界面结合能，并与实验拟合值作对比[3]。结果显示，结合能因元素种类而异，其中结合能较大的溶质原子(如

Nb、Mo)易在 α/γ 界面处强烈偏聚，从而诱发“溶质拖曳效应”(solute drag effect，SDE)[4-5]，阻碍界面迁移。此外，第一性原理计算值与实验拟合值在定量上并不总是吻合的，这是因为界面共格性及间隙原子与合金元素的交互作用(如 Mo-C)对溶质原子界面偏聚的实际结合能有着不可忽略的影响[6-7]。综上，不难发现合金元素对界面迁移的作用是一个高度耦合的复杂热动力学过程。这也一直是过去半个多世纪物理冶金领域的难点及热点问题。目前国际上每年会举办“Alloying Element Effects on Migrating Interfaces”(ALEMI)学术研讨会，旨在增进与拓展人们对合金元素与界面迁移相互作用的理解。相关成果可参阅两篇重要综述[8-9]。

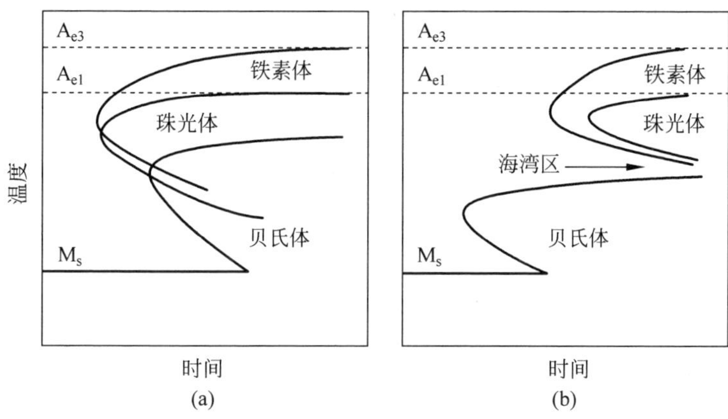

图 1.2　普碳钢或只含非碳化物形成元素钢的 TTT 曲线(a)与含硼或含碳化物形成元素钢的 TTT 曲线(b)

表 1.1　合金元素共格界面结合能的第一性原理计算值及其与实验拟合值的比较[3]

合金元素	有效结合能/eV	最大结合能/eV	实验拟合值/eV
Si	−0.06	−0.12	−0.12，−0.18
Cr	−0.03	−0.05	−0.03，−0.06
Mn	−0.10	−0.20	−0.06，−0.17
Ni	−0.05	−0.09	≈0
Mo	−0.15	−0.26	−0.16，−0.25
Nb	−0.23	−0.35	−0.50

不同于 Mn、Ni、Si 等非碳化物形成元素，有关 V、Ti、Nb 等强碳化物形成元素对铁素体相变影响的研究工作至今鲜有报道，这极大限制了人们对

低合金钢中固态相变的理解。向钢中添加微量碳化物形成元素，利用弥散细小合金碳化物的析出强化效果及其对变形组织再结晶的抑制作用可大幅提升钢铁的强韧性。相间析出是低合金钢在奥氏体向铁素体转变时的一类特殊产物。通过设计合金成分和调控热处理工艺，工业界已实现了全铁素体基纳米析出钢的制备。此类钢在拥有高强度的同时还具备卓越的扩孔性能，目前已被广泛应用于汽车的底盘、悬架等复杂工件部位[10-13]。不同于过饱和析出[14]和形变诱导析出[15-16]，相间析出型碳化物是在移动的 α/γ 界面内形成的，并成列地分布在铁素体基体内[17]。遗憾的是，受到原位透射电子显微镜分辨率的限制，目前人们还无法捕捉到相间析出的发生过程，相关学者只能基于静态实验结果，提出各类模型来描述其背后的物理机制。揭示合金元素对相间析出的影响规律是该领域的棘手问题之一，其原因如下：①合金元素可通过在界面附近配分与偏聚来改变铁素体长大动力学，从而间接影响碳化物的界面析出过程；②合金元素通过改变碳化物的形核驱动力与界面能来直接改变其析出动力学；③相间析出可通过消耗界面内溶质原子的偏聚及诱导钉扎力来反向影响 α/γ 界面的迁移。三者相互耦合，最终形成一个周期性变化的复杂物理过程。相间析出钢的力学性能与碳化物片间距、尺寸、数密度等组织参数密切相关，深入探究相间析出机制，尤其是揭示碳化物析出、元素偏聚与移动 α/γ 界面间的交互作用，将有助于工业界对相间析出钢进行成分设计与组织调控。

综上所述，合金元素添加能显著改变钢中奥氏体向铁素体转变的热动力学，但所涉及的元素配分、溶质偏聚及碳化物析出等诸多物理过程还有待做进一步研究。本书将重点关注碳化物形成元素对 α/γ 界面迁移动力学的影响，并借由先进表征手段及热动力学计算来阐明其物理本质，以期为钢铁材料的微观组织调控和力学性能优化提供实验和理论基础。

1.2　Fe-C 二元体系中的铁素体相变

通常，新相的产生包括形核和长大两个阶段。对于前者，经典形核理论常被用来估算形核率，而计算过程所需的诸多参数(如界面能、频率因子、形核位置密度等[18])难以通过实验测定，因此关于经典形核理论能否定量描述实际新相的形核过程目前仍不可知[19]；同时，由于受到表征手段的限制，形核的原位过程(包括核胚的结构、形貌和成分等信息)也有待揭示[20]。

相比于形核，新相长大（更准确地说是新相/母相界面的迁移）占据了整个相变的主要进程，因此备受学术界关注。Fe-C 二元体系中的铁素体相变是钢中最简单的反应之一。早期人们对其进行了深入研究，所取得的丰硕成果为近代固态相变理论的建立奠定了基础。

根据热力学平衡理论，在给定温度和压力下，体系中各相平衡成分可通过最小化体系的吉布斯自由能来确定，对应到相图上则由通过两相吉布斯自由能曲线的公切线来获得[21]。过去，为了定量描述 Fe-C 二元体系中的铁素体长大动力学，人们通常假设移动 α/γ 界面满足局域平衡条件，即扩散的边界浓度可依照公切线准则来唯一确定（见图 1.3(a)）。由于铁素体生长受 C 在奥氏体中的长程扩散控制（见图 1.3(b)），因此通过求解元素扩散的菲克（Fick）第二定律可获得界面迁移速率（v）。Zener 基于析出相在半无限宽体系的平界面长大模型及 C 在奥氏体中的线性扩散场假设[22]，提出了一种更为简洁和实用的近似长大速率方程：

$$v = \frac{1}{2}\alpha t^{-1/2} \tag{1-1}$$

$$\alpha = \sqrt{D\Omega^2/(1-\Omega)} \tag{1-2}$$

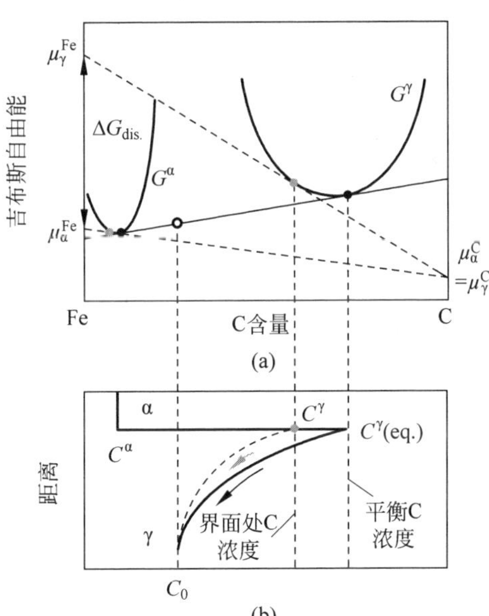

图 1.3　Fe-C 二元体系的吉布斯自由能曲线(a)及对应 α/γ 界面附近的 C 浓度分布(b)

实线：局域平衡条件下界面处 C 浓度；虚线：偏离平衡态时界面处 C 浓度及对应的能量耗散

$$\Omega = \frac{C_{eq}^{\gamma/\alpha} - C_0}{C_{eq}^{\gamma/\alpha} - C_{eq}^{\alpha/\gamma}} \tag{1-3}$$

其中，α 是抛物线长大系数；D 是 C 在奥氏体中的扩散系数；Ω 是过饱和度；$C_{eq}^{\gamma/\alpha}$ 和 $C_{eq}^{\alpha/\gamma}$ 分别是界面奥氏体一侧与铁素体一侧的平衡 C 浓度；C_0 是初始基体 C 浓度；t 为时间。值得注意的是，界面处局域平衡条件的简单假设已经被许多作者成功用于解释 Fe-C 二元体系中铁素体的生长规律[23-25]。Purdy 和 Kirkalady[23] 早期利用扩散偶技术模拟了 Fe-C 合金中的晶界铁素体长大，取得了与理论分析非常一致的实验结果。Zurob 等[25] 则通过脱碳实验对铁素体长大动力学做了更精确的测量，结果发现，在选取了合适的扩散系数后，所计算的抛物线长大系数与实验值符合较好。

随着研究的进一步深入，人们发现铁素体长大动力学与 α/γ 界面的结构密切相关。大量实验结果表明，晶界铁素体在原奥氏体晶界上形核，其与一侧相邻奥氏体的界面呈平直状态，可移动性较差，而另一侧多呈弯曲状态，可移动性较好。晶体学研究证实了铁素体与平直界面一侧的奥氏体晶粒多呈 Kurdjumov-Sachs(K-S)位向关系(有时也呈西山关系(Nishiyama-Wasserman))，界面共格度高[26-27]；与生长界面一侧无特定的位向关系(non K-S)，界面共格度差[18]，如图 1.4(a)所示。Hillert 指出[28]：无论是哪类界面，C 原子均可在界面两侧的铁素体和奥氏体之间发生配分，但不可动界面处的 C 浓度要偏离平衡值(见图 1.4(b))，这是因为 C 在不可动界面处的化学势比可移动界面处低，从而驱动可移动界面一侧奥氏体中的 C 经铁素体内部扩散至不可动界面一侧。此外，Bradley 等[29] 对 3 种不同 C 含量的 Fe-C 二元合金中晶界铁素体的垂直和横向生长动力学进行了系统研究。他们发现，在不同温度或不同合金中测得的抛物线长大系数均小于用 Atkinson 分析方法[30] 得到的理论计算值。通过扫描电子显微镜和透射电子显微镜观察，他们将实际动力学缓慢的原因归结于 α/γ 界面上存在低能共格小面(facet)。此外，当温度降至显著低于 A_{e3} 线时，铁素体生长将仅通过 K-S 界面的迁移来完成，这是因为较大过冷度可产生足够大的相变驱动力来克服切变反应过程带来的相变应变[26]。此时铁素体的形貌将由高温时的仿晶界状(allotriomorphic)或等轴状(idiomorphic)向低温时的针状(acicular)或片状(plate)转变。比较典型的相变产物是魏氏体和贝氏体铁素体(见图 1.4(a))。Hillert 等[31-32] 通过实验发现，针状铁素体长大所需的临界碳含量要远低于热力学平衡值，表明此类铁素体生长需克服较大的相变阻力。

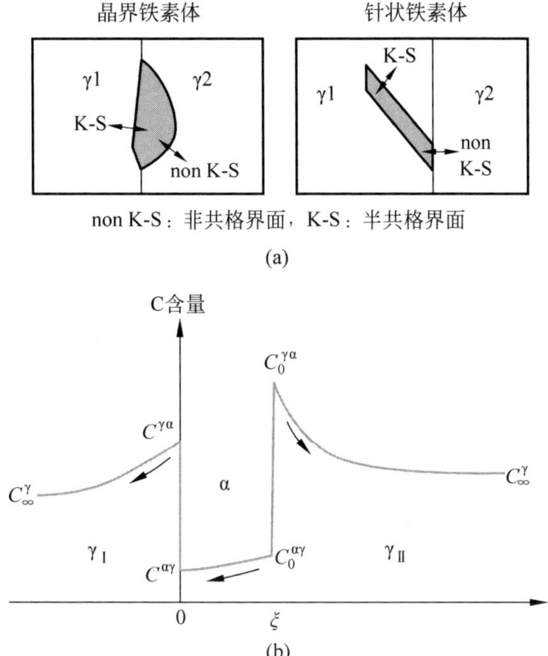

图 1.4　不同界面性质的铁素体长大示意图(a)与可移动和不可移动α/γ界面附近的 C 浓度分布示意图[28](b)

为了阐明实际铁素体长大动力学偏离理论计算值的原因，我们首先需要了解界面奥氏体一侧 C 浓度与铁素体长大速率间的关系。联立式(1-1)～式(1-3)，并将 $C_{eq}^{\gamma/\alpha}$ 替换成实际 C 浓度 $C^{\gamma/\alpha}$，让 v 对 $C^{\gamma/\alpha}$ 求一阶偏导可得到恒大于 0 的导数值，表明界面移动速度与 $C^{\gamma/\alpha}$ 之间呈单调变化关系。因此由 $C^{\gamma/\alpha}$ 值的降低所引起 C 在奥氏体中的扩散梯度减小是造成铁素体长大变缓的直接原因(见图 1.3(b))；而从能量的观点来看，$C^{\gamma/\alpha}$ 偏离于平衡值意味着界面移动过程中产生了能量耗散(energy dissipation)[33]。图 1.3(a)描述了 Fe-C 二元体系中 $C^{\gamma/\alpha}$ 与能量耗散之间的关系。由于 C 的扩散速率远快于置换型原子，当界面处的 C 浓度偏离平衡值时，C 在两相界面处的化学势可依旧保持相等，即

$$\mu_C^\alpha = \mu_C^\gamma \tag{1-4}$$

此时，能量耗散值($\Delta G_{dis.}$)对应铁原子在界面奥氏体一侧和铁素体一侧的化学势差(灰色箭头所示)：

$$\Delta G_{\text{dis.}} = \mu_{\text{Fe}}^{\gamma} - \mu_{\text{Fe}}^{\alpha} \tag{1-5}$$

在 Fe-C 二元体系中，总能量耗散主要由以下两个因素组成：

$$\Delta G_{\text{dis.}} = \Delta G_{\text{m}} + \Delta G_{\text{strain}} \tag{1-6}$$

其中，ΔG_{m} 是 FCC 结构的奥氏体向 BCC 结构的铁素体转变时因晶格摩擦导致的能量耗散；ΔG_{strain} 是由相变过程中产生应变而引起的能量耗散。ΔG_{m} 可用如下公式估算：

$$\Delta G_{\text{m}} = vV_{\text{m}}/M_{\text{int}} \tag{1-7}$$

$$M_{\text{int}} = M_0 \exp\left(\frac{-Q}{RT}\right) \tag{1-8}$$

其中，v 是界面移动速率；V_{m} 是摩尔体积；M_{int} 是界面本征迁移率，其与温度满足式(1-8)的 Arrhenius 关系；M_0 是原子穿过界面的频率；Q 是界面迁移激活能；R 是理想气体常数；T 是开尔文温度。式(1-7)直观地反映了 ΔG_{m} 与界面移动速率成正比而与界面本征迁移率成反比的数学关系。因此，当界面移动速率很快时(如相变早期)或者本征迁移率很小时(如半共格界面，见第 2 章)，ΔG_{m} 对体系总能量耗散的贡献将不可被忽略。此外，不同于魏氏体或贝氏体等切变型相变过程中产生的切应变，重构型相变的应变则由新相与母相的体积差造成，其能量耗散可通过界面附近空位的扩散来调节和释放，因此晶界铁素体生长过程中的 ΔG_{strain} 通常可被忽略。

1.3 合金元素对钢中铁素体相变的影响

合金元素的添加可通过不同方式影响铁素体相变动力学，这取决于它们的热动力学性质及其与 α/γ 界面的交互作用。图 1.5 对比了 Fe-C 二元系与 Fe-C-X 三元系的 TTT 曲线图[34]。从影响相变驱动力的角度来看，添加 Si、Al 等铁素体形成元素能增加铁素体相变驱动力，从而使 C 曲线向高温和短时间方向平移；而添加 Mn、Ni 等奥氏体形成元素则会降低相变驱动力，使 C 曲线向低温和长时间一侧平移；Co 在奥氏体与铁素体中的化学势相当，因此添加 Co 几乎不改变 C 曲线的位置。然而当添加碳化物形成元素如 Mo、Cr 时，C 曲线的形状和位置均发生了显著改变：“海湾区”的出现将 C 曲线划分为铁素体转变区与贝氏体转变区。显然这些实验现象无法再单纯地用合金元素对相变驱动力的影响来进行解释，而需进一步考虑它们在铁素体形核与长大中的作用。图 1.6 给出了强碳化物形成元素 V、

Nb 对铁素体相变影响的典型例子[35]。相比于 Base 合金(见图 1.6(a)),Nb 的添加可显著抑制铁素体相变,而 V 的添加则对其几乎无影响,表明 Nb 是提高钢淬透性的有效元素。进一步实验表明,Nb 能通过显著抑制铁素体形核(见图 1.6(b))和长大(见图 1.6(c))来推迟铁素体相变总体动力学,而 V 的添加几乎不影响形核甚至还能促进其长大。

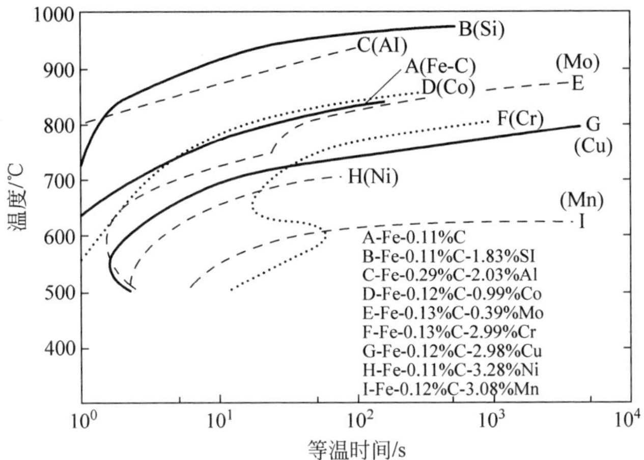

图 1.5 Fe-C 二元系与 Fe-C-X 三元系的 TTT 曲线[34]

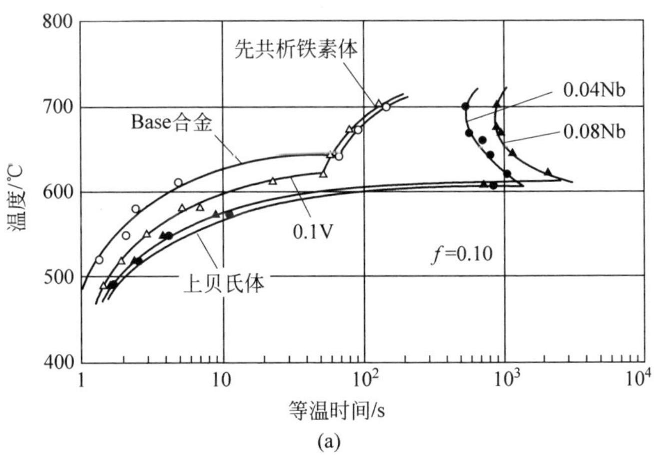

图 1.6 基体成分为 Fe-0.05C-0.3Si-1.75Mn 的 V、Nb 微合金钢的 TTT 曲线(a)、各合金钢的形核率随温度的变化(b)与各合金钢中晶界铁素体厚度随平方根时间的变化[35](c)

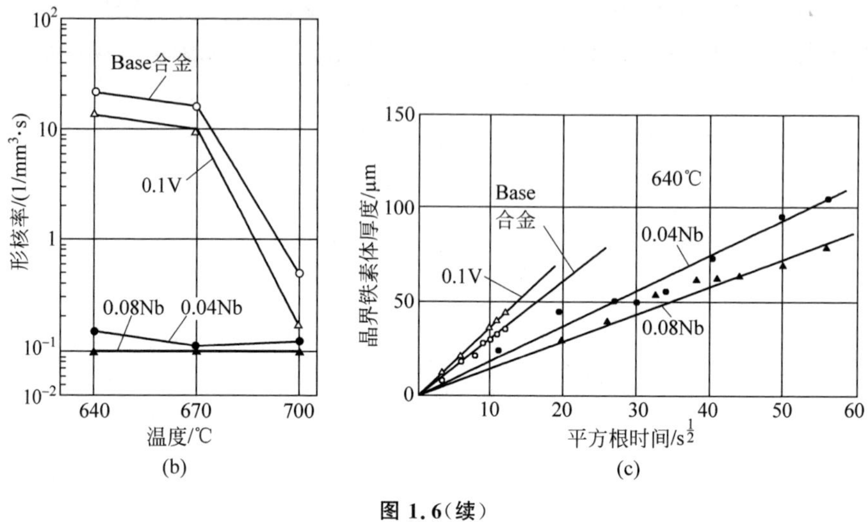

图 1.6(续)

1.3.1 合金元素对铁素体长大动力学的影响

1.3.1.1 合金元素的配分模型

因与 C 的扩散速率存在巨大差异，置换型合金元素(X)在铁素体相变中的扩散和配分行为可显著影响其生长动力学。

目前学术界根据 X 在界面处的配分特点，提出了以下两种理论模型，即准平衡(paraequilibrium，PE)模型[36-38]与局域平衡(local equilibrium，LE)模型[39-40]。根据 X 是否发生长程配分，后者又可分为配分局域平衡模型(partition local equilibrium，PLE)与不配分局域平衡模型(negligible partition local equilibrium，NPLE)。图 1.7 总结了不同生长模式下 C 与 X 在界面附近的浓度分布及对应的化学势。无论相变处在 PLE 模式还是 NPLE 模式，C 与合金元素在 α/γ 界面两侧的化学势被认为始终保持相等。不同的是，PLE 阶段通常发生在相变温度较高(低过冷度)的情况下，此时相变由 X 在母相中的长程扩散控制，相变速率极小接近停滞；而 NPLE 阶段通常发生在相变温度较低(高过冷度)的情况下，此时 X 不发生长程配分而仅在界面附近形成一个浓度尖峰(spike)，相变由 C 扩散控制，反应较快。不同于 LE 模型，PE 模型则认为 X 在 α/γ 界面两侧不发生任何配分，相变动力学仅由 C 扩散控制，此时只有 C 在界面处的化学势维持相等。以 Fe-

2Mn-C(以质量计,%)合金为例,图 1.8 给出了基于不同热力学模型计算所得的 A_{e3} 线。显然,在同一温度下,界面处 C 浓度呈现出 PLE＞PE＞NPLE 的顺序。这是因为,尽管在 PE 和 NPLE 模式下,α/γ 界面迁移动力学均受到 C 扩散控制,但 NPLE 条件下合金元素界面附近的配分行为会影响 C 的活度(亦是浓度),从而改变相变动力学。因此,PE 预测的铁素体长大速率通常要高于 NPLE。

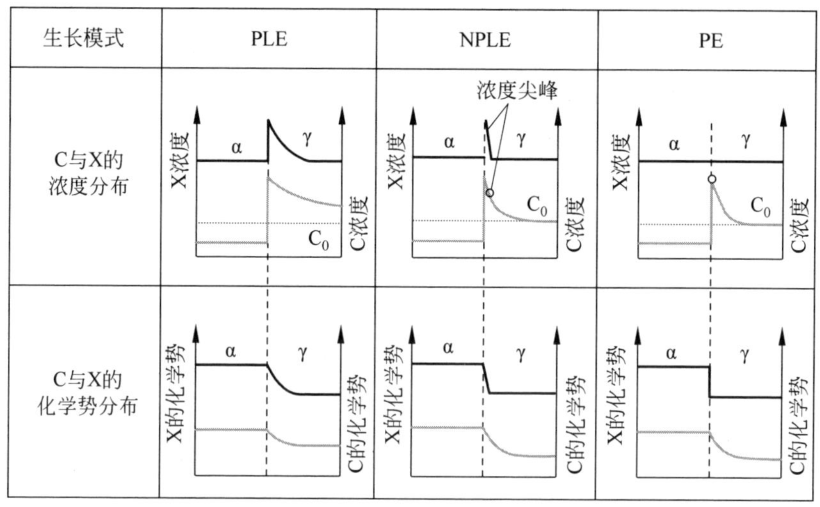

图 1.7　不同生长模式下 C 与 X 的浓度及化学势分布

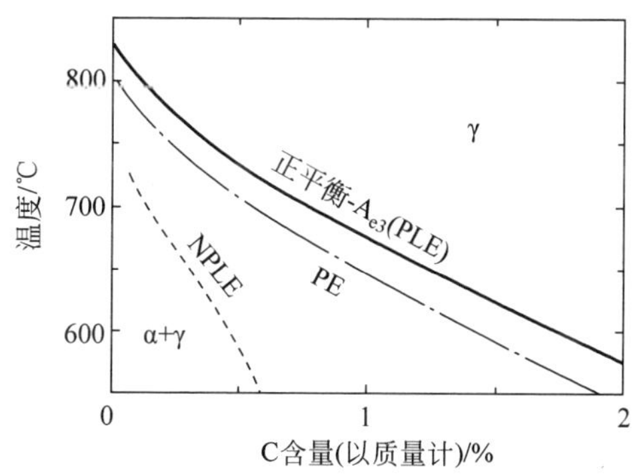

图 1.8　Fe-2Mn-C 三元合金相图的垂直截面图

1.3.1.2　铁素体生长的实验研究进展

为了验证上述模型对预测铁素体生长动力学及最终体积分数的适用

性，相关学者在过去半个多世纪开展了大量实验工作，其中利用光学显微镜观察不同等温热处理后的金相组织，并记录铁素体厚度随时间的变化，是研究铁素体长大动力学的常规方法之一[24,41-42]。除此之外，近年来还涌现出一批新奇的实验表征手段和设计思路。本节将着重介绍以下 3 个例子，以期分享它们带来的创造性成果与启示。

(1) 脱碳实验。以 Hutchinso、Zurob 等为代表的学者提出了利用脱碳实验研究铁素体长大动力学的研究方法[25,43-47]。如图 1.9(a)所示，随着基体中固溶 C 含量的减少，铁素体在试样表面优先形核，并均匀地向奥氏体内部生长。该方法有效避免了传统块体材料相变时出现的新相形核、扩散场软碰撞、界面晶体学及体视学偏差等因素的干扰，从而为精确测量铁素体厚度提供了新思路。Phillion 等[43]利用脱碳实验系统研究了 Fe-C-Ni 体系的铁素体长大动力学，发现实验值与 NPLE 模型的预测值符合较好。

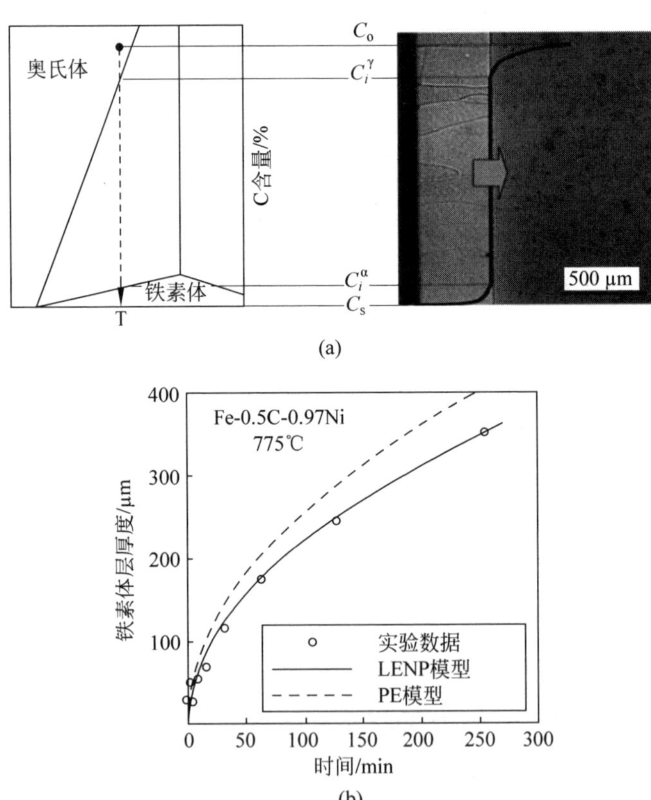

图 1.9　脱碳实验示意图(a)[43]及 Fe-C-(Ni,Mo)合金体系的实验结果[44](b)和(c)

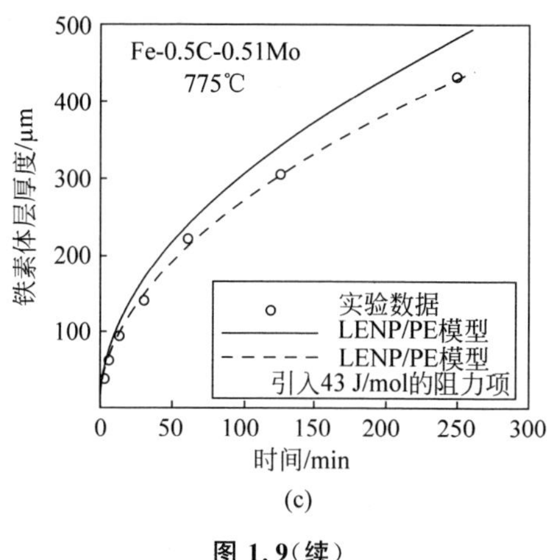

(c)

图 1.9(续)

Zurob 等[46-47]则通过研究 Fe-C-Mn 体系发现随着温度的升高，转变动力学存在一个由 NPLE 模式向 PE 模式的转变。相比之下，Fe-C-Mo 体系中的铁素体长大动力学要显著偏离 NPLE 的预测值[44]（见图 1.9(b)），其原因被认为是 Mo 在移动 α/γ 界面处偏聚而诱导的溶质拖曳效应。类似的实验结果也同样出现在 Fe-C-Cr[25]与 Fe-C-Si[45]的合金体系中。

（2）循环相变实验。Chen 与 van der Zwaag 率先提出了循环相变的实验方案[48-49]，即将奥氏体快速冷却至 α+γ 两相区等温并获得部分铁素体，随即在选定的两个特征温度（T_1 与 T_2）之间循环往复地升温降温，从而诱导 α→γ 和 γ→α 相变（见图 1.10(a)）。考虑到在循环热处理前已获得铁素体+奥氏体的混合组织，随后的相变仅需通过 α/γ 界面的来回迁移即可完成而无需新相的形核[50]，由此可巧妙避开复杂形核过程对相变动力学的影响。借助热膨胀仪，Chen 等发现了循环相变中的三种特征现象：①转变停滞期[48]，即温度发生改变，而相变量不变（见图 1.10(b)红线），停滞温度区间的大小取决于合金元素的种类和含量[51]；②逆转变期，即界面迁移方向与温度改变方向相反（见图 1.10(b)蓝线）；③长大滞缓期[52]，即在完成循环相变后的最后冷却阶段，出现了相变突然减速现象（见图 1.10(c)红线）。研究表明，逆转变期是体系处于非平衡态的结果，而转变停滞期和长大滞缓期是由 Mn 在界面处的局域配分所导致的，后者首次从实验层面提供了相变过程中界面附近存在 Mn 浓度尖峰的间接证据[52]。热动力学计算发现，LE 模型能很好地描述循环相变中出现的这些特征现象，而 PE 模型则与实验结果不符。

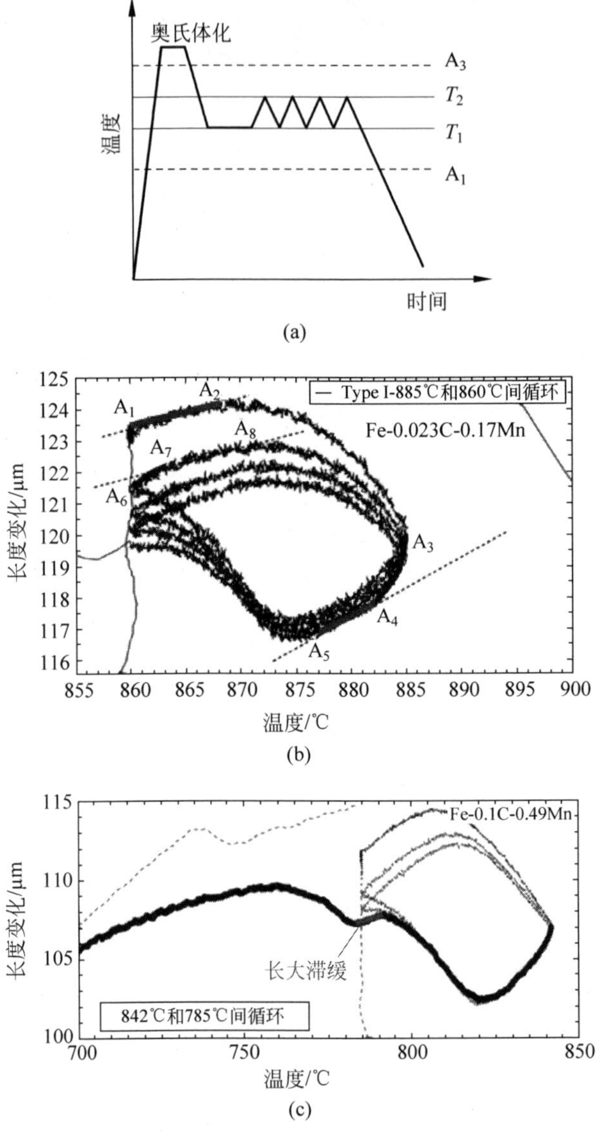

图 1.10　循环相变热处理示意图(a)及对应的热膨胀实验结果[48-49](b)与(c)(见文前彩图)

(3) 界面处 C 浓度的精确测定。通过实验直接测定界面奥氏体一侧 C 浓度对理解界面迁移行为及合金元素的影响具有重要意义。近期,日本东北大学 Furuhara 团队利用场发射电子探针显微分析(field-emission

electron probe microanalysis,FE-EPMA)成功测定了界面奥氏体一侧的 C 浓度,测量精度控制在 0.02%左右,电子束直径约为 0.1 μm[53-57]。刘振清、夏苑和武慧东通过该方法先后研究了 Fe-C-Mn[53-54]和 Fe-C-Si[57]合金中的铁素体相变,证实了在相变接近或到达准稳态时奥氏体中 C 富集量与 NPLE 模型的预测值符合较好(见图 1.11(a))。对于含 Mo 简单合金体系,夏苑[54]与 Miyamoto 等[7]则进一步发现界面处 C 浓度在相变早期会显著偏离热力学平衡值(见图 1.10(b)),并随着反应的进行逐渐向平衡值靠近。这些结果再次证实了由 Mo 界面偏聚而引发的溶质拖曳效应在减缓铁素体长大方面起着重要作用。除了对铁素体相变的研究外,FE-EPMA 还被用于定量测定贝氏体相变时奥氏体中的 C 富集量[55-56,58],从而为讨论贝氏体"不完全转变"这一长期富有争议的问题提供了有力的实验支持。

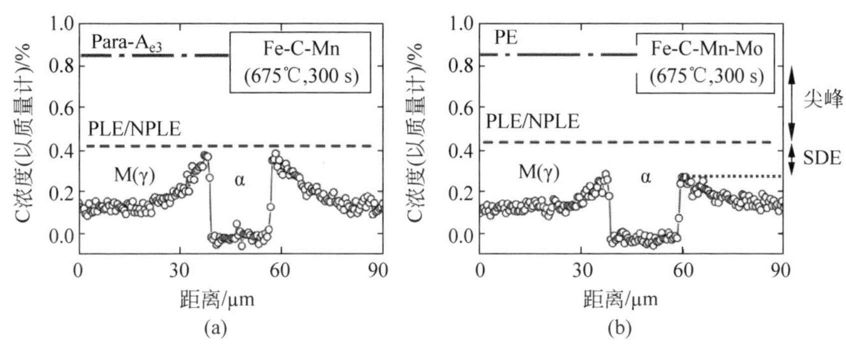

图 1.11 C 浓度分布的 FE-EPMA 测量结果[54]

(a) Fe-C-Mn; (b) Fe-C-Mn-Mo

1.3.1.3 基于界面处能量守恒的混合控制模型

事实上,无论是 LE 模型还是 PE 模型,均不能完美地描述整个相变过程的动力学演化;当改变钢的成分及热处理温度时,有些模型将不再适用。值得注意的是,以上这些扩散配分模型均是基于尖锐无厚度界面(sharp interface)的假设,而实际界面则是具有一定厚度的二维缺陷(通常为 2~3 个原子层)。由于界面附近原子混乱度高、缺陷密度大,因此溶质原子倾向向界面处偏聚以降低体系能量;而当这些扩散缓慢的置换型原子跟着界面移动时,将与界面相互拖曳,造成能量耗散并阻碍界面迁移。为此,Odqvist[59]、Zurob[60]、Chen[61]等相继提出了一种更为普适的混合控制模型,即界面处吉布斯自由能守恒(Gibbs energy balance,GEB)模型。该模型认为,界面迁移驱动力与界面处总能量耗散相等,后者可通过类比 Fe-C 二元系的能量耗散计算方法求解获得,并假设置换型合金元素不在两相间配分:

$$\Delta G_{\text{dis.}} = \sum_{i=\text{Fe},\text{X}} y_i(\mu_i^{\gamma} - \mu_i^{\alpha}) \tag{1-9}$$

其中,y_i 是置换型合金元素 i 的占位分数,$y_i = x_i/(1-x_{\text{C}})$,$x$ 为摩尔分数。

在多元合金体系中,总能量耗散($\Delta G_{\text{dis.}}$)通常可由以下几项组成:

$$\Delta G_{\text{dis.}} = \Delta G_{\text{m}} + \Delta G_{\text{strain}} + \Delta G_{\text{spike}} + \Delta G_{\text{SDE}} \tag{1-10}$$

其中,ΔG_{m} 和 ΔG_{strain} 的意义与式(1-6)中相同;ΔG_{spike} 为合金元素在界面附近局域配分(或形成浓度尖峰)而产生的能量耗散,其数值可通过 PE 模型与 NPLE 模型下界面处 C 浓度差异来进行估算(见图 1.8 和图 1.11(b));ΔG_{SDE} 为合金元素界面偏聚诱导溶质拖曳效应而产生的能量耗散。通常,对于含有强配分型合金元素(如 Mn、Ni、Si)的体系而言,ΔG_{spike} 是决定相变动力学的主要因素;而在含有 Mo、Nb 等强偏聚型合金元素的体系中,ΔG_{SDE} 则起主导作用。关于溶质拖曳的理论模型及实验探究将在 1.3.2 节介绍。

1.3.2 溶质拖曳效应

1.3.2.1 理论模型

溶质拖曳效应最早由 Lücke 等在研究铝合金的再结晶过程中提出[62],其核心概念是扩散较慢的异类溶质原子向移动界面处偏聚,产生对界面的拖曳力,从而阻碍界面前进。Cahn 基于 Lücke 等的工作,率先建立了可用于定量描述溶质-晶界相互作用的溶质拖曳模型[4]。之后被相关学者拓展至 Fe-C-M 三元系的相界面迁移过程[5,63]。图 1.12(a)给出了相界面的能量势阱示意图。对于给定溶质原子,其在界面内的焓值 $E(x)$ 可定义为

$$E(x) = \mu_{\alpha}^{0}, \quad x < -\delta \tag{1-11}$$

$$E(x) = \mu_{\alpha}^{0} + \Delta E - E_0 + \frac{\Delta E - E_0}{\delta}x, \quad -\delta < x < 0 \tag{1-12}$$

$$E(x) = \mu_{\alpha}^{0} + \Delta E - E_0 + \frac{\Delta E + E_0}{\delta}x, \quad 0 < x < \delta \tag{1-13}$$

$$E(x) = \mu_{\gamma}^{0}, \quad x > \delta \tag{1-14}$$

其中，μ_{α}^{0} 和 μ_{γ}^{0} 分别是溶质原子在 α 和 γ 中的化学势；ΔE 是该化学势差的 1/2；δ 是相界面的半厚度；E_0 是溶质与界面的最大结合能，也称为偏聚能，其大小因合金元素种类而异，通常 E_0 值越大表明溶质向界面的偏聚能力越强。

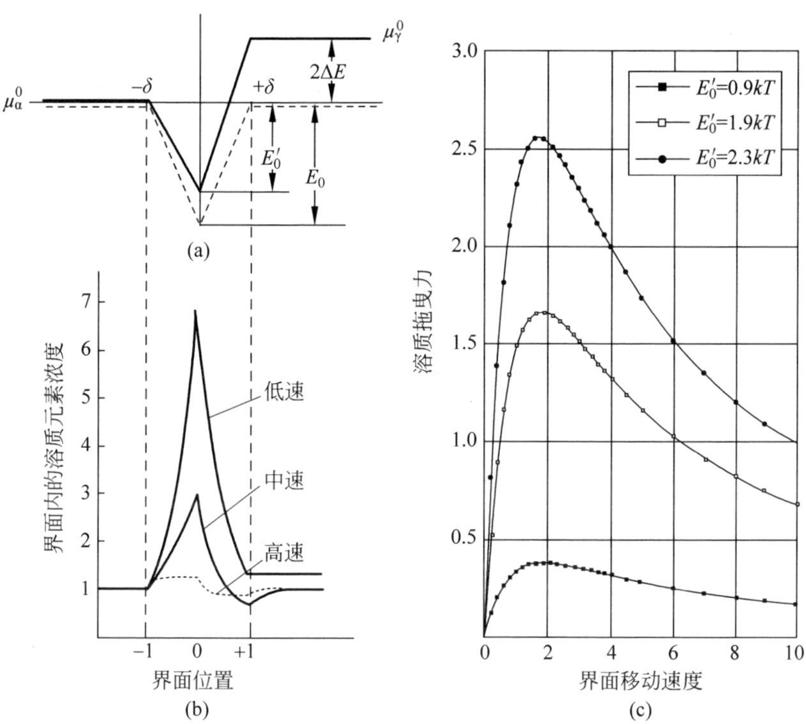

图 1.12　溶质原子在界面处的三角形势阱图(以铁素体稳定元素为例)(a)，不同界面移动速率下溶质原子在界面内的浓度分布(b)与不同势阱深度下溶质拖曳力与界面迁移速率之间的关系[5](c)

由于溶质原子沿着界面的扩散速率较大且界面厚度较薄，因此人们通常认为其在界面内的浓度分布可时刻处于稳态(steady state)，即浓度分布只是界面移动速率的函数而与相变时间无关，此时溶质扩散需满足以下流量守恒关系：

$$\frac{\partial}{\partial x}\left[D_{\text{trans.}}\frac{\partial C}{\partial x}+\frac{C\cdot D_{\text{trans.}}}{kT}\frac{\partial E}{\partial x}+vC\right]=0 \tag{1-15}$$

其中，$D_{\text{trans.}}$ 是溶质原子跨过界面的扩散速率(trans-interface diffusivity)。

结合边界条件，通过求解方程(1-15)即可获得溶质原子在界面处的浓度分布与界面移动速率间的函数关系。如图 1.12(b)所示，当界面移动极缓慢时，溶质原子接近平衡态分布；当界面移动处于中速时，溶质原子的偏聚量有所下降，界面中心两侧的浓度分布呈现明显的不对称性；当界面移动极快时，溶质原子的扩散将无法跟上界面的迁移，此时界面处溶质偏聚量几乎为 0。

因溶质原子偏聚会诱导溶质拖曳力来阻碍界面迁移，Cahn 给出了计算溶质拖曳力的数学表达式[4]：

$$P=-\frac{1}{V_m}\int_{-\delta}^{+\delta}(C-C_0)\left(\frac{\mathrm{d}E}{\mathrm{d}x}\right)\mathrm{d}x \tag{1-16}$$

其中，P 是溶质拖曳力；V_m 是摩尔体积；C_0 是合金元素的基体浓度。与考虑拖曳力的模型不同，Hillert 和 Sundman[64] 从能量角度提出了另一种计算溶质拖曳效应的公式：

$$\Delta G_m^{\text{diff}}=-\int_{-\infty}^{+\infty}(y_X-y_X^0)\left[\frac{\mathrm{d}(\mu_X-\mu_{Fe})}{\mathrm{d}x}\right]\mathrm{d}x \tag{1-17}$$

其中，ΔG_m^{diff} 是因溶质原子在界面内扩散而造成的能量耗散；y_X 与 y_X^0 分别是 X 在界面内与基体中的占位分数；μ_X 与 μ_{Fe} 分别是 X 与 Fe 的化学势。Hillert 对式(1-16)和式(1-17)进行了严格对比[65]，发现当同时考虑溶质原子在界面内扩散与形成浓度尖峰引起的能量耗散时，两种模型给出了相同的计算结果，但式(1-17)的物理意义更为明确。图 1.12(c)给出了溶质拖曳力与界面移动速率间的关系。一方面，两者之间并不是简单的线性关系，即溶质拖曳力在界面高速移动与低速移动时均趋向 0，而在中速运动时达到最大。另一方面，溶质拖曳力随元素偏聚能的升高可显著增加。在实际相变过程中，C 与置换型合金组元(如 Mo、Cr、Nb 等)的强交互作用往往不能忽略。由于此类原子对 C 具有极强的吸引作用，因此当它们偏聚至相界面时将显著降低界面奥氏体一侧 C 的活度，减小界面前沿的 C 活度梯度，从而导致界面移动速率进一步变缓。Bradley 和 Aaronson 将其称为类溶质拖曳效应(solute drag like effect，SDLE)[41]，相关数学模型可见 Enomoto 等的工作[63]。

1.3.2.2 实验进展

关于溶质拖曳效应是否存在的问题迄今已有许多实验证据。早期 Boswell 等[66] 在研究 Fe-C-Mo 体系的铁素体相变与贝氏体相变时发现了显著的“海湾区”现象，他们将其归结为 Mo 界面偏聚而引起的溶质拖曳效应。后来，Chen 等[67]利用 GEB 模型从理论上证明了该推测的有效性。Zurob 等则通过脱碳实验对一系列三元合金(Fe-C-(Ni[43]、Mn[46-47]、Cr[25]、Mo[44]、Si[45]、Co[45]))的铁素体生长动力学进行了测量，发现在添加了 Cr、Mo、Si 和 Co 的合金体系中，所测得的实验值要远偏离 NPLE 的预测值，他们将其同样归结为合金元素的溶质拖曳效应。近期，Miyamoto 等[7]利用 FE-EPMA 直接测量了 Fe-C-Mo 体系中移动 α/γ 界面处的 C 浓度，由此导出了由溶质拖曳效应引起的能量耗散值。他们发现，能量耗散值随着相变时间的增加或等温温度的升高而减小(见图 1.13)。

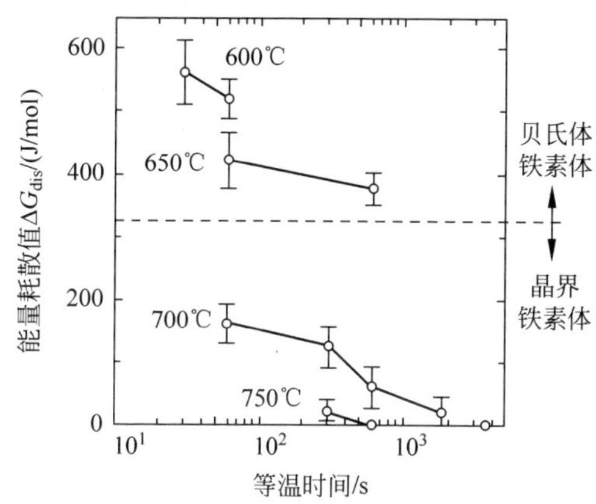

图 1.13 Fe-C-Mo 合金中界面处能量耗散值随等温时间的变化关系[7]

在常见的置换型合金元素中，固溶 Nb 原子对界面的溶质拖曳作用稳居榜首。早年，Togashi 和 Nishizawa 通过脱碳和渗碳实验系统研究了不同合金元素对铁素体和奥氏体生长动力学的影响[68]。他们发现，添加 Nb、Mo 和 Cr 可有效降低 α/γ 界面的表观迁移率，其中 Nb 的影响最为显著，如图 1.14 所示。Suehiro 等[69]则通过热膨胀实验发现基体 Nb 含量对块状转变动力学有着显著影响，即随着 Nb 含量的增加，临界转变温度降低，反应动力学减缓。Jia 等[70]在研究过冷奥氏体的连续冷却过程时同样发现铁素体转变动力学随固溶 Nb 含量的升高而逐渐推迟。在这些工作中，Nb 的溶质拖曳效应往往通过溶质拖曳模型及优化后的拟合参数(如偏聚能、跨界面扩散系数等)来进行量化。

为了进一步揭示引起溶质拖曳效应的原因，相关学者对 α/γ 界面处的元素偏聚进行了定量表征。Fletcher[71]、Enomoto[72]和 Humphreys[73]等利用扫描透射电子显微镜(scanning transmission electron microscope,

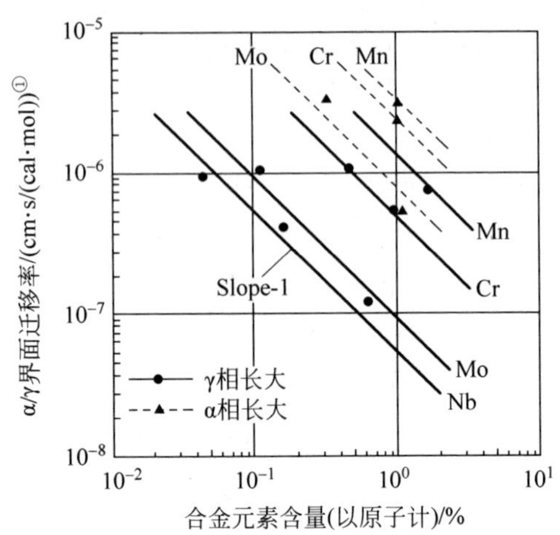

图 1.14　合金元素种类及其含量对 α/γ 界面表观迁移率的影响[68]

STEM)证实了在 Fe-C-Mo 合金中 Mo 能在 α/γ 界面处偏聚，然而即使在同一合金的不同界面乃至同一界面，均出现了 Mo 富集量的巨大波动，从几乎为 0 到高于基体成分的 12～16 倍均有报道。近年来，随着三维原子探针(there-dimensional atom probe，3DAP)技术的成熟，界面处溶质原子富集的定量表征有了新突破。Landeghem 等[74]通过分析 Fe-C-X 合金体系中 α/γ 界面内的 X 分布，发现 Cr、Mn 和 Mo 在界面处均有富集，而 Ni 基本不偏聚。Maruyama 等[75]则测定了大角度晶界上 Nb 和 Mo 的富集程度，并基于 Langmuir-McLean 方法估算了它们的界面偏聚能。遗憾的是，关于 Nb 在 α/γ 相界面内偏聚的研究工作尚未见报道。结合高精尖表征手段，从定量上阐明 Nb 原子和移动 α/γ 界面间的交互作用机理对理解 Nb 在固态相变中的作用具有重要意义。

众所周知，溶质原子在晶界的偏聚程度非常依赖界面的晶体学特征[76]，如取向角和面指数。该规律也同样适用于 α/γ 相界面。当前，结合电子背散射衍射(electron backscattering diffraction，EBSD)技术与相关晶体学计算，研究人员可将淬火得到的室温马氏体重构成原奥氏体，从而获得铁素体与奥氏体之间的位向关系[77]。Miyamoto 等[7]利用 3DAP 分析了 Mo 在 K-S 和 non K-S 界面处的偏聚情况，发现 Mo 能在 non K-S 界面处显著富集(见图 1.15(a))，而几乎不偏聚至 K-S 界面(见图 1.15(b))。Zhang 等[78]在含 V 体系中也得到了类似结果。这些研究表明，界面晶体

① 1 cal=4.184 J。

学特征能显著影响元素偏析行为，进而改变溶质拖曳效应。

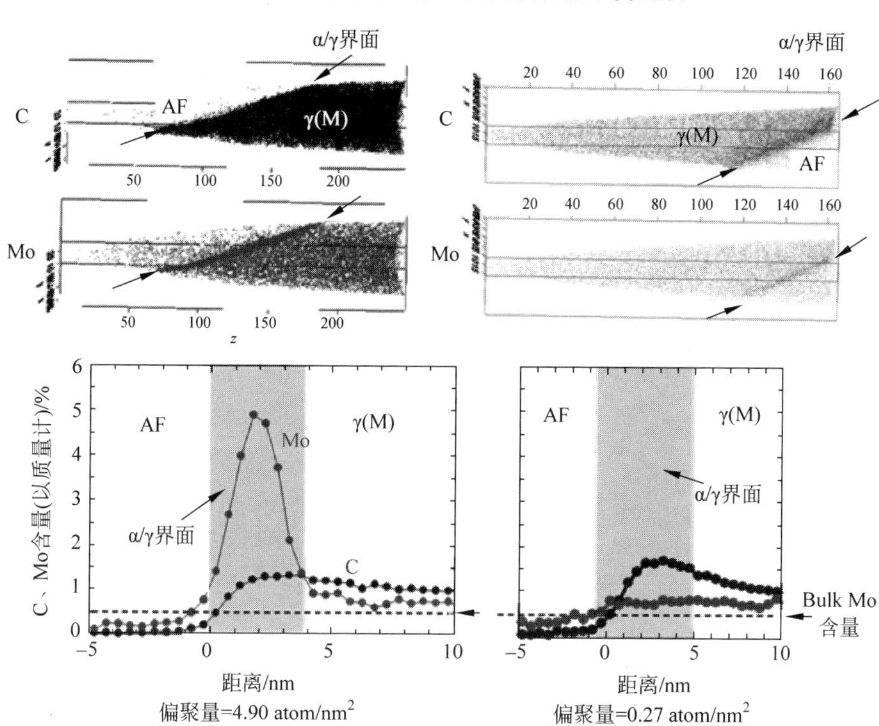

图 1.15 界面晶体学特征对 Mo 在α/γ界面处偏聚的影响[7]（见文前彩图）

(a) non K-S 界面；(b) K-S 界面

综上所述，随着先进表征技术（如 FE-EPMA、EBSD 和 3DAP）的问世与发展，定量分析移动 α/γ 界面与合金元素配分/偏聚的耦合交互作用已成为可能。结合这些手段，我们有望进一步阐明界面性质、能量耗散及元素偏聚之间的物理联系，为加深人们对固态相变理论的认识及丰富近代物理冶金知识提供新契机。

1.4 低合金钢中的相间析出行为

1.4.1 相间析出组织

自 1968 年 Gray 和 Yeo 在铁素体相变过程中首次发现周期性排列的 Nb(C,N)以来[79]，相关学者对微合金钢中的相间析出行为进行了大量研究，取得了一系列丰富的实验及理论成果[80-82]。

图 1.16 给出了相间析出碳化物在三维空间内的分布示意图。大量TEM 观察表明，相间析出的规则片状排列特征只有在满足入射电子束方向与其所在的晶体学面保持平行或接近平行时才可呈现，否则只能观察到随机分布特征[17,79]。Smith 和 Dunne[81] 总结了不同微合金钢中的相间析出分布，并依据形貌和片间距将其分为变间距曲面型、等间距曲面型及等间距平面型三类。此外，在一些特定成分的合金钢中还出现了纤维状(fibrous)的超细碳化物[83-85]，且因其分布多垂直于 α/γ 界面的移动方向，所以它们也被视为相间析出的产物。图 1.17 展现了 Ti-Mo 微合金钢在不

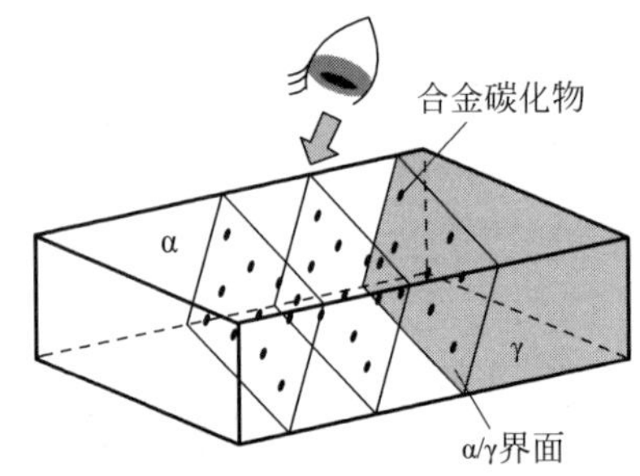

图 1.16　相间析出碳化物在三维空间内的分布示意图

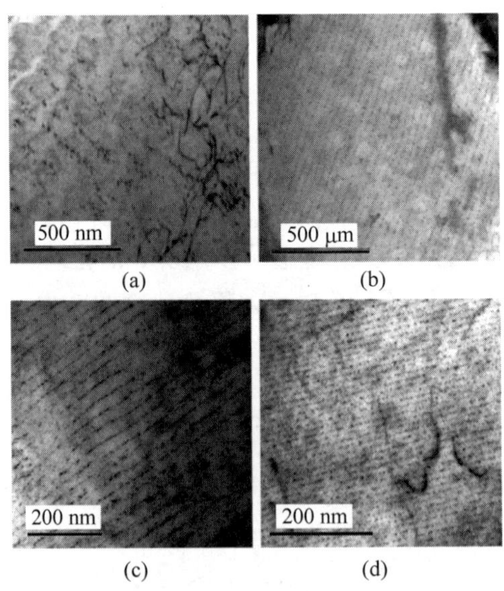

图 1.17　Ti-Mo 微合金钢在不同等温温度下的 TEM 照片[86]

(a) 720℃；(b) 700℃；(c) 680℃；(d) 650℃

同等温热处理后的 TEM 照片[86]。随着等温温度的降低，碳化物的列间距与尺寸均显著减小，其形貌也由高温时的变间距曲面型向低温时的等间距平面型过渡。类似结果也被普遍发现于其他合金中[87-89]。近年来，3DAP 技术的成熟为进一步从空间上解析相间析出组织提供了新方法[78,90-92]。图 1.18 是含 V 微合金钢中 VC 相间析出分布的 3DAP 结果[92]。当原子探针被旋转至某个特定方位时，典型片层状的排列特征即可呈现。结合 FIB 的"定点提取"技术，该方法有望揭示相间析出与 α/γ 界面性质之间的物理联系，从而加深人们对相间析出过程的理解。

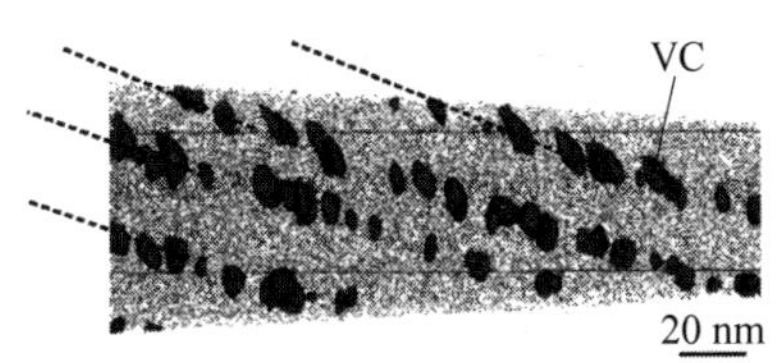

图 1.18　含 V 低合金钢在 720℃ 等温 60 s 后的三维原子探针结果[92]

与从过饱和铁素体（如贝氏体、马氏体）中析出的碳化物类似，相间析出型碳化物与铁素体基体同样保持着 Baker-Nutting（B-N）的位向关系[17,86,93-94]，即 $\langle 001\rangle_\alpha // \langle 011\rangle_{MC}$ 与 $\{100\}_\alpha // \{100\}_{MC}$，但后者往往只出现单个变体（理论上有 3 种）。这是因为 B1 型碳化物在空间内多呈扁盘状，当相间析出发生时，自然界会选择盘面 $\{100\}_{MC}$ 与相界面的平行方向呈最小角度的变体来优先析出，其目的是降低碳化物形核时的界面能并借助 α/γ 界面的高扩散通道来促进其长大。

除了微合金钢中的碳化物外，"相间析出"现象还被广泛发现于其他类型的析出相中，如 Cu 颗粒[95]、Laves 相[96-97] 及氧化物[98-99] 等；相间析出也不一定要伴随着奥氏体向铁素体的相变才能发生，铁素体向奥氏体逆转变时同样也能获得阵列状析出相，如 Fe_2Hf[96-97]。这说明"相间析出"是材料中普遍存在的一种相变模式。它的发生通常需满足以下两个条件：①析出相形成元素在新相中的溶解度远比在母相中的小；②界面移动速率不宜过大，需给予析出相在界面内形核的充足时间。

1.4.2　相间析出机制

相间析出独特的片层状排列特征暗示其在形成过程中受到一定的晶体学约束。为此，相关学者在过去半个多世纪提出了各类物理模型，其中以台阶模型和准台阶模型最具代表性。

早期，Campbell 等[100] 在研究含 Cr 高合金钢时发现了规则排列的 $M_{23}C_6$ 型碳化物，其分布特征呈典型的台阶状。TEM 分析表明，此类析出相所在的晶体学面为$(110)_\alpha$，正好与母相奥氏体呈 K-S 位向关系。据此，Honeycombe[80] 于 1976 年率先提出了基于台阶机制的相间析出模型，如图 1.19(a)所示。他认为 α/γ 界面由共格台面(terrace)和非共格阶面(riser)组成。通常共格台面的可移动性差，合金碳化物在上面可获得足够的形核时间而大量析出，而阶面的可移动性好，因而难以成为合适的形核位点。由于铁素体的生长源于一系列微观台阶的形成及垂直于界面移动方向的阶面横移，因此当相变结束后，一排排碳化物将以等间距形式平直地分布在铁素体基体内，此时所测得的片距离即为台阶高度。

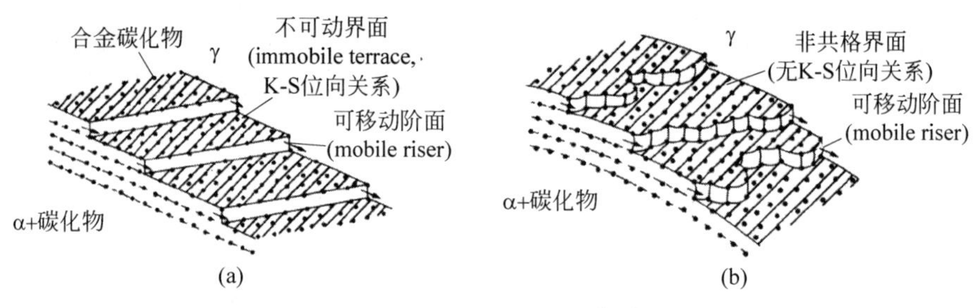

图 1.19　相间析出模型[101]

(a) 台阶模型；(b) 准台阶模型

不同于平面型相间析出，变间距及等间距的曲面型相间析出难以再用传统的台阶模型进行解释，为此，Ricks 和 Howell 又提出了准台阶模型[101]。在这一机制下，奥氏体和铁素体之间不再需要保持有理的位向关系，相界面多为非共格且可移动性较好，如图 1.19(b)所示。进一步理论计算发现，当析出相的平均间距小于某个临界值时，界面将被完全钉扎住，此时铁素体生长只能依靠阶面的侧移来实现；而当析出相的平均间距超过该临界值时，位于间距较大的两个析出相间的界面将会向外弓出形成小凸包(bulge)，直到被新形核的碳化物钉扎住而迫使阶面横移，上述过程循环往复，最终形成了曲面型的相间析出形貌，如图 1.20 所示。

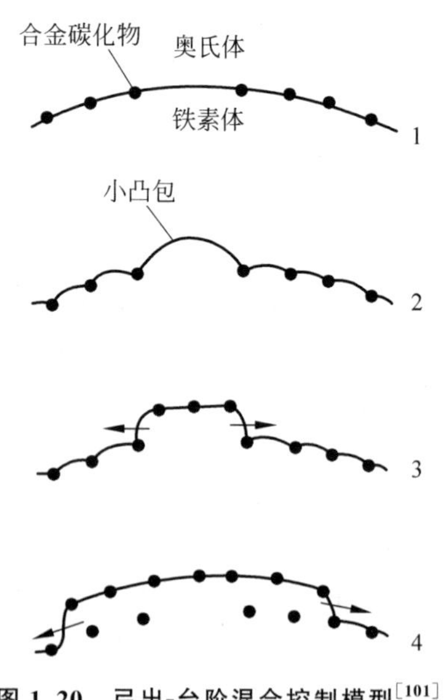

图 1.20　弓出-台阶混合控制模型[101]

最近，Okamoto[102]、Yen[86]和 Miyamoto 等[103]在研究低合金钢中的 NbC、(Ti，Mo)C 及 VC 的相间析出时陆续发现，析出相所在的晶体学面大多不在$(110)_\alpha$上。换句话说，生长铁素体与奥氏体并不具备特定的晶体学位向关系，再次表明经典台阶模型并不适用于解释相间析出的微观机制。基于界面能局部最低原则[104]，Miyamoto 等[103]主张将台阶模型拓展到非共格界面的迁移，即认为非共格界面的微观结构同样可由共格小面与非共格阶面组成，而宏观界面的形貌则取决于给定界面方向是否接近某些原子匹配度高的低能面。

有关相间析出的其他物理模型可参见综述文献[82]和文献[105]，本节不再赘述。

1.4.3　相间析出与移动 α/γ 界面间的交互作用

相间析出的发生伴随着铁素体生长，因此其形成动力学与 α/γ 界面迁移行为密切相关。然而受到相间析出分布不均匀、原位追踪界面迁移困难等因素的阻挠，相关实验及理论成果甚是缺乏。目前比较有代表性的是 Sakuma 等对 Fe-C-Nb[106]与 Fe-C-Mn-Nb[107]两种模型合金的研究工作。他们发现，相间析出倾向在中温区发生，而在高温和低温区则均会被抑制，继而形成析出的"C"曲线。给出的定性解释是：NbC 在高温铁素体中的过饱和度低，析出驱动力小，因此不足以诱导相间析出；而在低温阶段，铁素体长大速率过快，使得 NbC 来不及在界面内析出，最终只能以随机析出方式从铁素体中过饱和析出。Mn 添加对相间析出的影响主要通过影响铁素体相变的热动力学来实现。它使相间析出的温度区间整体下移了约 50°C，但"C"曲线形状几乎保持不变。虽然上述实验结果定性印证了铁素体长大动力学对相间析出有影响的客观事实，但由于 TEM 观察较为局部、所观察铁素体晶粒数量有限等原因，该结果是否具有统计意义还有待考证。

研究铁素体生长动力学对相间析出的影响本质上是对 α/γ 界面性质的探讨，其涉及界面共格性、界面迁移速率及界面元素偏聚三个方面，其中界面元素偏聚是诱导相间析出发生的直接原因，而其余两个因素均可通过影响合金元素的偏聚行为来间接影响析出动力学。遗憾的是，在过去数十年中，人们重点关注了相间析出片间距的统计与预测，而鲜有工作考虑元素偏聚与相间析出间的联系。Zhang 等[78,108]利用 3DAP 直接观察到了 non K-S 界面附近有相间析出与 V 的富集(见图 1.21(a))，而 K-S 界面附近则没有，表明元素偏聚是相间析出发生的必要条件。Murakami 等[109]在研究含 V

中碳钢时发现,相间析出 VC 的片间距随界面迁移速率的减小而减小。考虑到 V 的周期性偏聚可能是诱发相间析出的直接原因,他们建立了非稳态溶质拖曳模型并成功解释了上述实验结果(见图 1.21(b))。最近,Miyamoto 等[7]在研究 C、Mo 的界面共偏聚行为时发现了一个有意思的现象,即当 C-Mo 之间的交互作用系数较大时,随着溶质原子的不断偏聚,在某个临界浓度界面内将发生化学上坡扩散,此时 Mo 与 C 在界面处急剧富集,这为碳化物核心的形成做好了准备(见图 1.21(c))。虽然该推论尚未被实验证实,但它打破了传统形核理论的束缚,为探究相间析出的形成机制提供了新思路。

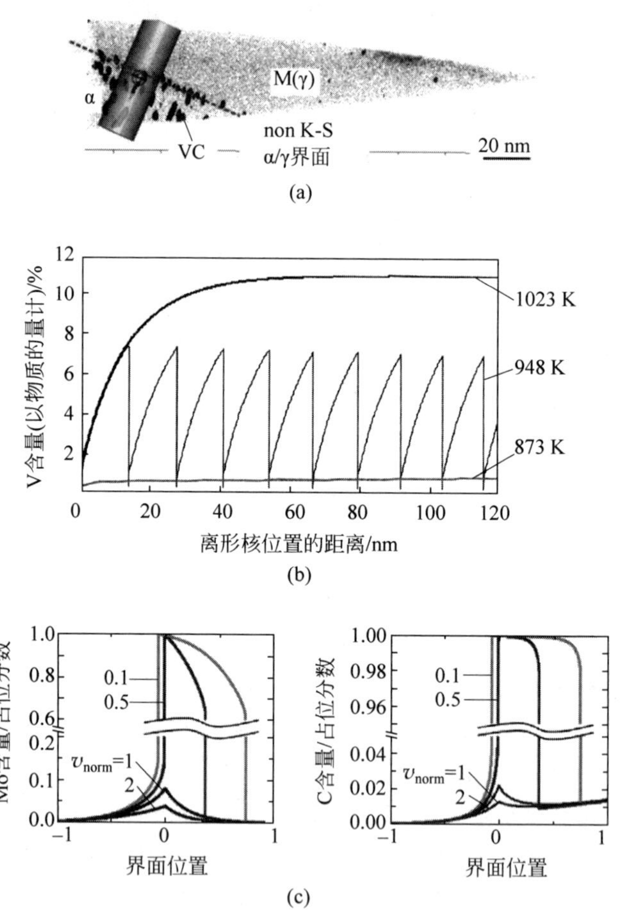

图 1.21　元素界面偏聚诱导相间析出的代表性工作

(a) non K-S 界面附近的 VC 分布[78];(b) 不同温度下 V 偏聚量随界面迁移位置的变化[109];(c) 不同界面移动速率下 Mo 与 C 在界面内的浓度分布[7]

此外，相间析出也能反过来影响铁素体长大动力学。以NbC为例，它的析出过程可能会带来以下几种影响：①施加钉扎力，阻碍界面前进。不同于随机析出，相间析出型碳化物具有析出密度高、尺寸小、片内分布集中等特点，因此对界面的钉扎作用可能远比随机析出的大；②NbC界面析出会显著消耗Nb的富集，进而削弱溶质拖曳效应；③NbC能固定部分从铁素体中排到奥氏体中的C，从而减少奥氏体中C的富集量，促进界面移动。由此可见，相间析出对铁素体长大的影响是个多因素耦合的复杂物理过程，相关研究成果至今鲜有报道。Bréchet等[110]曾通过脱碳实验研究了Fe-0.55C-0.035Nb(若无特殊说明，合金元素前的数字均为质量分数，下文同)合金中的铁素体长大动力学，意外地发现NbC析出对界面移动速率几乎无影响。这可能与所用合金过高的基体C含量，以及过长的保温时间使大量固溶Nb原子以NbC形式从奥氏体中析出有关。该实验结果可能无法真实反映相间析出对铁素体长大的影响机制。

综上所述，相间析出与移动α/γ界面间的交互作用，还有许多问题悬而未决。考虑到Nb既是强偏聚型元素又是强碳化物形成元素，选取含Nb低碳钢为模型合金，同时结合3DAP、FE-EPMA等先进表征手段，我们有望揭示该过程的物理本质。相关研究成果将进一步加深人们对相间析出机制的理解，并为今后检验模拟工作的有效性提供数据支持。

1.5　研究目标与内容

结合以上各节介绍可知，合金元素偏聚与析出对钢中α/γ界面迁移行为的影响极其复杂，而阐明该问题的突破口在于解析引发界面处能量耗散的各类因素，如界面本征摩擦、钉扎力、溶质拖曳效应等。本着“由简入繁”的研究思路，本书首先通过高精度实验系统研究了Fe-C二元体系中α/γ界面的迁移动力学，导出了其本征迁移率，为后续界面本征摩擦的可靠估算提供了支持；其次结合实验与理论模型定量分析了含Nb低碳钢中相间析出碳化物对移动α/γ界面的钉扎作用，阐明了其物理本质；最后对Fe-C-Nb模型合金的铁素体相变进行了深入探究，揭示了元素偏聚与析出对钢中相变动力学的影响规律。

具体研究内容如下。

(1) 选取Fe-0.1C二元模型合金进行等温铁素体相变，对比研究晶界铁素体与魏氏体铁素体的生长动力学，利用高精度FE-EPMA直接测量其界面处 C 含量，导出能量耗散值，并基于界面移动速率与能量耗散值的线性关系，定量估算出非共格和半共格相界面的本征迁移率大小。详见第 2 章。

(2) 以 Fe-0.1C-1.5Mn-(0,0.1)Nb 合金为研究对象，基于循环相变思想，通过设计循环相变热处理工艺来实现相间析出 NbC 与来回迁移相界面的交互作用，同时利用界面处吉布斯自由能守恒模型对 NbC 的钉扎力进行定量估算。相关结果将与经典 Zener 钉扎理论的预测值作对比。详见第 3 章。

(3) 采用 Fe-0.1C-(0,0.03,0.06)Nb 模型合金进行等温铁素体相变，系统研究三种合金的铁素体生长动力学。利用界面多尺度表征手段(EBSD、FE-EPMA 及 3DAP)对 Nb 偏聚量、界面处能量耗散值及界面移动速率进行定量分析，并结合溶质拖曳理论对比揭示三者间的物理联系，同时探讨相间析出 NbC 对界面迁移的影响。详见第 4 章。

第2章　α/γ相界面本征迁移率的定量估算

2.1　本章引言

α/γ相界面的迁移行为一直是近代物理冶金领域的研究热点。早期，为了定量描述铁素体生长动力学，人们先后提出了扩散控制[22]和界面控制[18]模型，前者认为界面迁移只受到母相中合金元素的扩散控制，并将界面本征迁移率视为无限大，后者则与之相反。然而对于实际的配分型相变而言，界面本征迁移率和溶质原子扩散均不可能无限大，因此后人提出了混合控制模型，即认为界面迁移速率由界面处的净化学驱动力与本征迁移率共同决定。该模型在描述Fe-C[111]及Fe-C-X[60-61]多元体系中的γ→α相变行为方面取得了满意结果。

界面本征迁移率是联系界面迁移热动力学问题的重要参数，为确定该值，学术界在过去已开展了大量实验工作[112-115]，尤其是针对块状转变过程中的非共格界面，目前已基本确定其迁移激活能的大小，但其指前因子却存在较大的不确定性。此外，相比于非共格界面，半共格界面的本征迁移率至今鲜有报道。事实上，揭示半共格界面的本征迁移率对于人们理解切变型相变机制及其界面迁移行为具有同等重要的意义。

不同于传统测量相变总体动力学的方法，本章将利用高精度、高空间分辨率的FE-EPMA直接测量Fe-C二元合金中晶界铁素体(allotriomorphic ferrite,AF)和魏氏体铁素体(Widmanstätten ferrite,WF)的界面处C含量，从而导出界面处能量耗散值。基于界面迁移速率与能量耗散值的线性关系，该方法可定量估算出不同类型界面的本征迁移率，并同时获得相变过程中因体积应变或切应变而引起的能量耗散值。

2.2 实验方法

2.2.1 材料及热处理

为了避免杂质元素对相变的影响，本工作采用高纯的 Fe-0.1C 二元模型合金。实验钢锭由真空感应熔炼得到，经热轧至约 14 mm 终厚。用线切割从热轧板上切下 14 mm×4.5 mm×1 mm[①] 的矩形小片，将其表面抛光后置于真空管式炉中奥氏体化，采用的热处理参数为 1200℃ 等温 10 min，其目的一方面是获得较大的原奥氏体晶粒尺寸，便于后续铁素体相变时晶界铁素体厚度的测量，另一方面是与第 4 章中 Fe-C-Nb 合金的热处理保持一致，使对比合理化。本实验中，原奥氏体晶粒的尺寸约为 404 μm，具体测量方法见 2.2.3 节。表 2.1 列出了 Fe-0.1C 合金的实际化学成分（注意：括号内的 C 浓度源于奥氏体化后直接淬火得到的全马氏体试样。由于长时间高温奥氏体化及样品本身厚度较薄的原因，该试样发生了部分脱碳，因此其实际基体 C 浓度要比原始热轧板低）。

表 2.1 实验用钢的化学成分（以质量计） 单位：%

Fe	C	Mn	Si	Nb	P	S	N
Bal.	0.113 (0.070)	<0.03	<0.01	<0.001	0.002	<0.001	<0.0009

待奥氏体化后，需要迅速从真空炉内取出试样并将其插入盐浴炉进行等温实验。等温温度分别为 850℃、825℃、800℃ 和 750℃，等温时间设为 5 s～3.6 ks，以获得完整的相变动力学曲线，待热处理完成后迅速将试样置于冰盐水中淬火。具体热处理工艺见图 2.1。

① 试样厚度切为 1 mm 的原因是提高钢的淬火速度，以防部分相变后的试样在淬火过程中发生界迁移或者生成退化珠光体，影响后续 EPMA 的测量准确性（第 4 章的 Fe-C-Nb 试样也如此）。

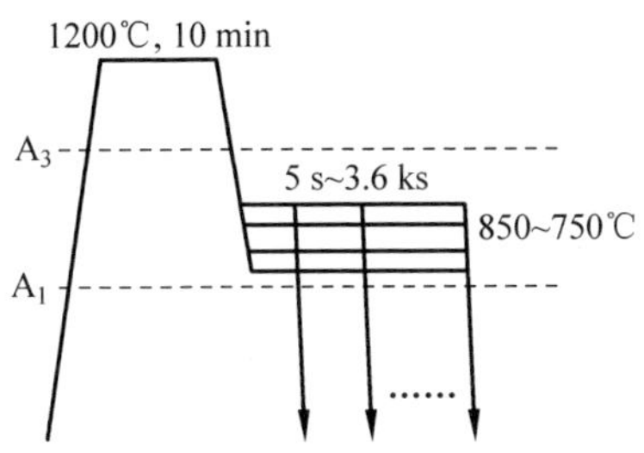

图 2.1　热处理工艺示意图

2.2.2　组织观察

为了避免受到脱碳层的影响，对热处理后样品的一侧进行机械磨抛，将其厚度从 1 mm 减薄至(0.5±0.02)mm，然后对试样中心截面进行精细抛光直至表面如镜，最后用 3%的硝酸酒精浸蚀试样中心截面 5～8 s 后置于光学显微镜下(OM)观察。

相变体积分数的测量由数点法完成。将 31×21 的网格覆盖在 50 倍率的 OM 照片上，计算落在铁素体组织区域的格点数占总格点数(651 个)的比例，即为铁素体体积分数。每组试样选取 6 个不同视场测量后取平均值。所有视场内的原奥氏体晶粒个数总和不少于 150 个。

2.2.3　原奥氏体晶粒尺寸的测量

将奥氏体化样品迅速置于特定温度的盐浴中，短时间等温使之发生部分铁素体相变，随即置于冰盐水中淬火。该方法可利用生成的仿晶界铁素体勾勒出原奥氏体晶界，从而便于奥氏体个数的统计(见图 2.2)。

图 2.2　Fe-0.1C 合金 800℃ 等温 15 s 后的金相组织

在 OM 照片中选取相同面积为 A 的 n 个不同视场，分别数出其中包含的奥氏体晶粒个数 N_i。将视场中出现的完整奥氏体晶粒计为 1 个，位于视场角落及边缘的奥氏体晶粒分别计为 0.25 个和 0.5 个，则奥氏体的名义晶粒尺寸 d_γ 为

$$d_\gamma = \sqrt{nA / \sum_{i=1}^{n} N_i} \tag{2-1}$$

为保证结果的精确性，所选取的奥氏体晶粒总数不少于 120 个。

2.2.4 α/γ 位向关系的测定

在分析 α/γ 的位向关系前，本研究首先利用背散射电子衍射(EBSD)确定室温下铁素体晶粒与周围马氏体的取向，具体步骤如下：将机械磨抛后的样品置于 6%的高氯酸酒精溶液中进行电解抛光(条件：电压 30 V，电流 1 A，时间 5 s)，随后将样品置于装有 TSL EBSD 检测系统(TSL OIM ver. 7)的场发射扫描电镜中观察并采集数据(FE-SEM，型号：JEOL JSM-7001F，条件：加速电压 25 kV，电流 5 nA，扫描步长 0.5 μm)，最后用 OIM 软件对数据进行分析，所用数据的 CI 值大于 0.2。

原奥氏体晶粒的取向可通过数值拟合室温马氏体的 EBSD 数据进行重构，具体方法见文献[77]。图 2.3 给出了一个典型例子，其中图 2.3(a)是马氏体 $\langle 001\rangle_\alpha$ 取向的实验测量结果，图 2.3(b)是利用重构方法得到的拟合结果(圆点代表马氏体不同变体的 001 取向，三角形代表奥氏体的 001 取向)。对比图 2.3(a)和(b)可知，该计算方法能较好地重现实际马氏体的变体方位，从而获得准确的原奥氏体取向。铁素体与原奥氏体之间的位向关

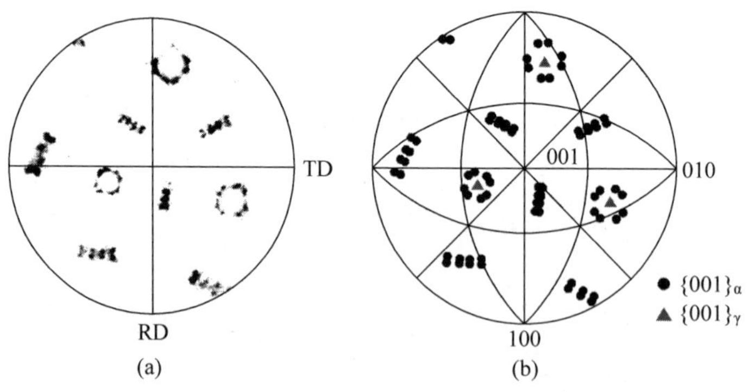

图 2.3 $\langle 001\rangle_\alpha$ 极图

(a) 马氏体取向的实验测量结果；(b) 马氏体与奥氏体取向的重构计算结果

系矩阵($\boldsymbol{M}^{\exp}$)计算如下：

$$\boldsymbol{M}^{\exp}=\boldsymbol{C}^{\alpha}\boldsymbol{M}^{\alpha}(\boldsymbol{C}^{\gamma}\boldsymbol{M}^{\gamma})^{-1} \tag{2-2}$$

其中，$\boldsymbol{M}^{i}$ 与 $\boldsymbol{C}^{i}$ 分别为 i 相的方向矩阵与对称矩阵。随后，偏离理想 K-S 位向关系的矩阵($\boldsymbol{D}^{i}$)及偏离角($\Delta\theta$)由式(2-3)和式(2-4)给出：

$$\boldsymbol{D}^{i}=\boldsymbol{M}^{\text{K-S}}(\boldsymbol{M}^{\exp})^{-1} \tag{2-3}$$

$$\Delta\theta=\arccos\left[(D_{11}+D_{22}+D_{33}-1)/2\right] \tag{2-4}$$

由于 BCC 结构与 FCC 结构均服从立方对称操作，通过改变基轴的顺序和符号，这些晶体的给定取向就可用 24 种不同的取向矩阵来表示。最终选取的 $\boldsymbol{C}^{\alpha}$ 与 $\boldsymbol{C}^{\gamma}$ 值则对应每次测量值的最小偏离角。

2.2.5　铁素体厚度的测量

测量铁素体厚度随等温时间的变化趋势可用于估算 α/γ 界面的移动速率。

对于晶界铁素体，为了避免不同晶粒形核孕育期差异的影响，本书选取试样中厚度最大的铁素体作为测量对象。此外，考虑到三维组织在二维观察面上的厚度往往因体视学偏差而大于实际厚度(见图 2.4(a))，因此所选

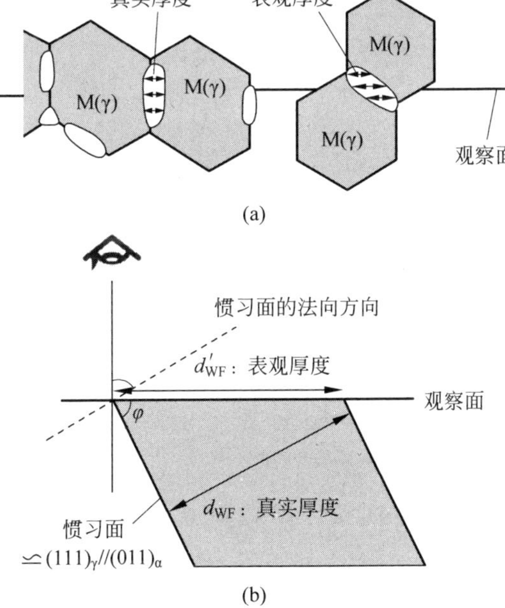

图 2.4　铁素体厚度测量过程中的体视学偏差

(a) 晶界铁素体；(b) 魏氏体铁素体

铁素体晶粒应尽量位于两个尺寸较大的奥氏体晶粒之间，以使 α/γ 界面位置与观察面保持垂直，提高测量准确性。

不同于晶界铁素体，魏氏体铁素体生长涉及伸长(lengthening)与增厚(thickening)两个过程。图 2.5 给出了其生长模式示意图。大量实验证实了魏氏体铁素体倾向在晶界铁素体的 K-S 界面一侧形核，并向周围奥氏体生长。为了得到合理的增厚速率，以及避免因晶界铁素体生长使 K-S 界面一侧的奥氏体中 C 富集影响到魏氏体宽面周围的 C 浓度，本工作选取距晶界铁素体 K-S 界面一侧约 50 μm 的位置作为厚度和 EPMA 的测量点。此外，魏氏体铁素体的厚度测量同样存在体视学偏差问题，如图 2.4(b)所示，其惯习面可近似认为$(111)_\gamma /\!/ (011)_\alpha$，$\varphi$ 代表表观厚度 d'_{WF} 与实际厚度 d_{WF} 的夹角，其大小可通过 EBSD 的晶体学分析获得，详细请参阅文献[116]。魏氏体铁素体的真实厚度最终可修正为

$$d_{WF} = d'_{WF} \sin\varphi \tag{2-5}$$

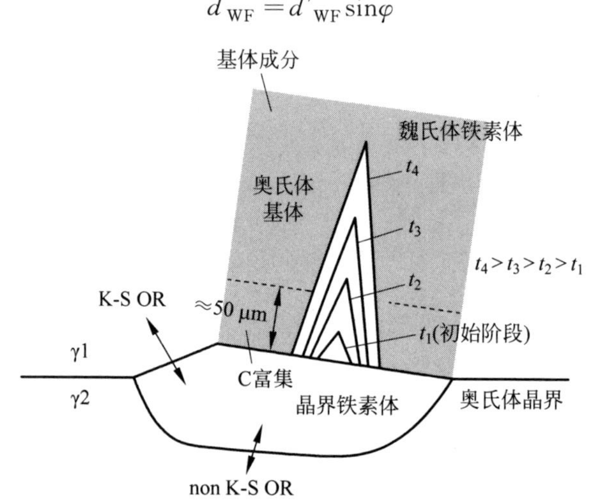

图 2.5 魏氏体铁素体生长模式

2.2.6 未转变奥氏体中 C 浓度的测量

本书采用场发射电子显微探针分析(FE-EPMA，型号：JEOL JSM-8530)来直接测量得到未转变奥氏体中的 C 浓度。

对试样磨抛浸蚀后，用聚焦离子束(FIB，型号：FEI Quanta 3D)对感兴趣的组织区域进行打孔标记，随后用 SiO_2 悬浊液再次对样品表面进行精细抛光(持续时间为 7～10 min)，最后用清水和酒精冲洗后得到光洁表面。

为了得到 C 浓度和特征 X 射线强度的对应关系，在测量热处理的样品前需完成标准试样的线扫描工作（注意：因仪器状态的变化，每轮测量前均需重新测试标样）。本次实验准备了 9 个标准试样，其组织均为成分均匀的全马氏体，C 浓度范围控制在 0.0018%～0.59%（以质量计），目的是涵盖不同等温温度下奥氏体中的平衡 C 浓度，具体成分见表 2.2。首先，将标准试样激发的特征 X 射线强度对 C 含量进行线性拟合可得到标准计量线，如图 2.6 所示。两者之间的线性相关性极高，且测量最大误差控制在 0.02%（以质量计）。然后对热处理样品中的 FIB 标记区域进行线扫描，其测试条件需与标准样品保持一致（见表 2.3）。

表 2.2　标准试样的实际化学成分（以质量计）　　单位：%

合金编号	C	Mn	Si
1	0.0018	0.16	—
2	0.044	1.99	—
3	0.091	1.99	0.02
4	0.134	1.49	0.05
5	0.190	1.98	—
6	0.288	2.0	—
7	0.340	1.97	0.01
8	0.421	0.86	0.26
9	0.590	1.96	—

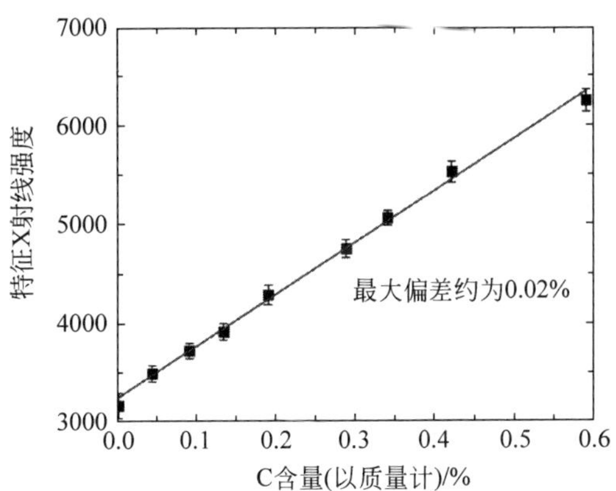

图 2.6　FE-EPMA 测试的标准计量线

表 2.3　FE-EPMA 的测试条件

测试条件	设置参数
扫描模式	扫描一次,4 s/点
线扫距离	100 μm
步长	0.5 μm
测量点数目	200
电压	6 kV
电流	50 nA
是否使用液氮冷却	是

2.3　实验结果

2.3.1　晶界铁素体与魏氏体铁素体的长大速率

图 2.7(a)给出了不同温度下晶界铁素体的半厚度平方(d^2)随等温时间(t)的变化关系。为了避免软碰撞效应对铁素体长大的影响,本节只采用相变早期的实验数据。假设晶体铁素体的长大近似遵循抛物线长大规律,同时忽略形核孕育期的影响,我们可通过线性拟合 d^2 与 t 来得到抛物线长大系数 α($\alpha=\sqrt{k}$,k 是斜率),由此导出每个时刻下的界面移动速率(v_{AF})为

$$v_{AF}=\frac{1}{2}\alpha t^{-\frac{1}{2}} \tag{2-6}$$

由图 2.7(a)可知,随着相变温度的降低,晶界铁素体的长大速率逐渐增大。

图 2.7(b)给出了不同温度下魏氏体铁素体的半厚度(d)随等温时间(t)的变化(注意此处非 d^2)。与晶界铁素体类似,魏氏体铁素体的形核孕育期也难以从实验上准确获得。根据金相组织的初步判定:它在 825℃等温时的形核孕育期在 5～15 s,而随着温度降至 800℃与 750℃,形核孕育期缩短至 5 s 内。为此,本研究将采用两个时刻之间的平均增厚速率(v_{WF})来代替讨论实际界面迁移速率:

$$v_{WF}=\frac{1}{2}\frac{d_2^{WF}-d_1^{WF}}{t_2-t_1} \tag{2-7}$$

其中,d_2^{WF} 与 d_1^{WF} 分别为 t_2 与 t_1 时刻下魏氏体铁素体的真实厚度。由

图 2.7(b)可知，魏氏体铁素体的增厚速率随温度的降低而增大，但其在 825℃与 800℃时的差异并不显著。

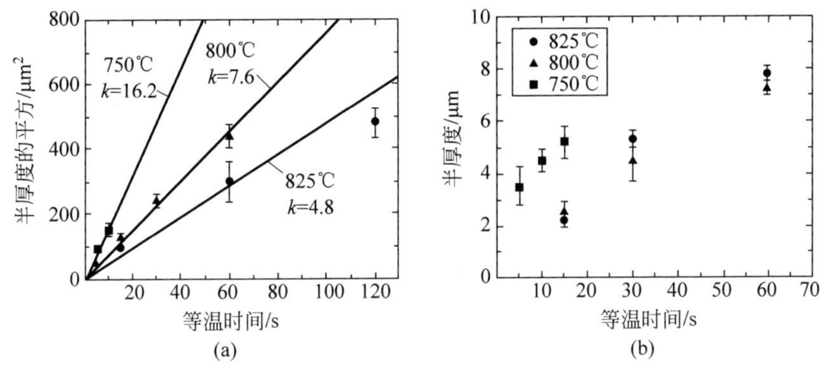

图 2.7　实验测得的铁素体厚度随等温时间的变化

(a) 晶界铁素体；(b) 魏氏体铁素体

2.3.2　界面奥氏体一侧 C 浓度与能量耗散

图 2.8 是 Fe-0.1C 合金在不同温度等温后的金相组织及对应 C 浓度分布的 EPMA 测定结果。此处，我们定义 $\Delta\theta$ 小于 5°的界面为 K-S 界面，反之则为 non K-S 界面。实验表明，该合金中的大多数晶界铁素体与至少一侧奥氏体晶粒保持 K-S 位向关系，并倾向朝着 non K-S 界面一侧生长，而魏氏体铁素体只向着与其呈 K-S 位向关系的奥氏体基体生长。对于界面奥氏体一侧的 C 浓度测量（记为 C^γ），因体视学偏差的影响，在相界面位置处的成分最高点并不能代表真实 C^γ 值。为此，本研究以 α/γ 界面的中点为基准位置，将界面奥氏体一侧的 C 浓度梯度（取 5～10 个点）线性外推，得到与基准位置的交点即为实际 C^γ 值，如图 2.8(c)中实心圆点所示。对于在 825℃形成的晶界铁素体（见图 2.8(a)），即使在较短的等温时间内，C^γ 值也已接近平衡浓度，而当温度降至 750℃时（见图 2.8(d)），C^γ 值将显著偏离平衡值。相比之下，无论是在高温还是低温，魏氏体铁素体的 C^γ 值在相变早期均明显低于平衡 C 浓度（见图 2.8(b)和(e)），但会随着等温时间的延长而逐渐接近平衡态（见图 2.8(c)和(f)）。此外，对于晶界铁素体，我们意识到其 C^γ 值对所在界面的共格性并无明显的依赖性，这可能与 C 能经过中间铁素体的快速扩散而使两侧界面间的 C 化学势差减小有关[28]。因此，接下来的分析将忽略 $\Delta\theta$ 值对 C^γ 值的影响，并以这些界面上所测数据的平均值来代表晶界铁素体的实际 C^γ 值。

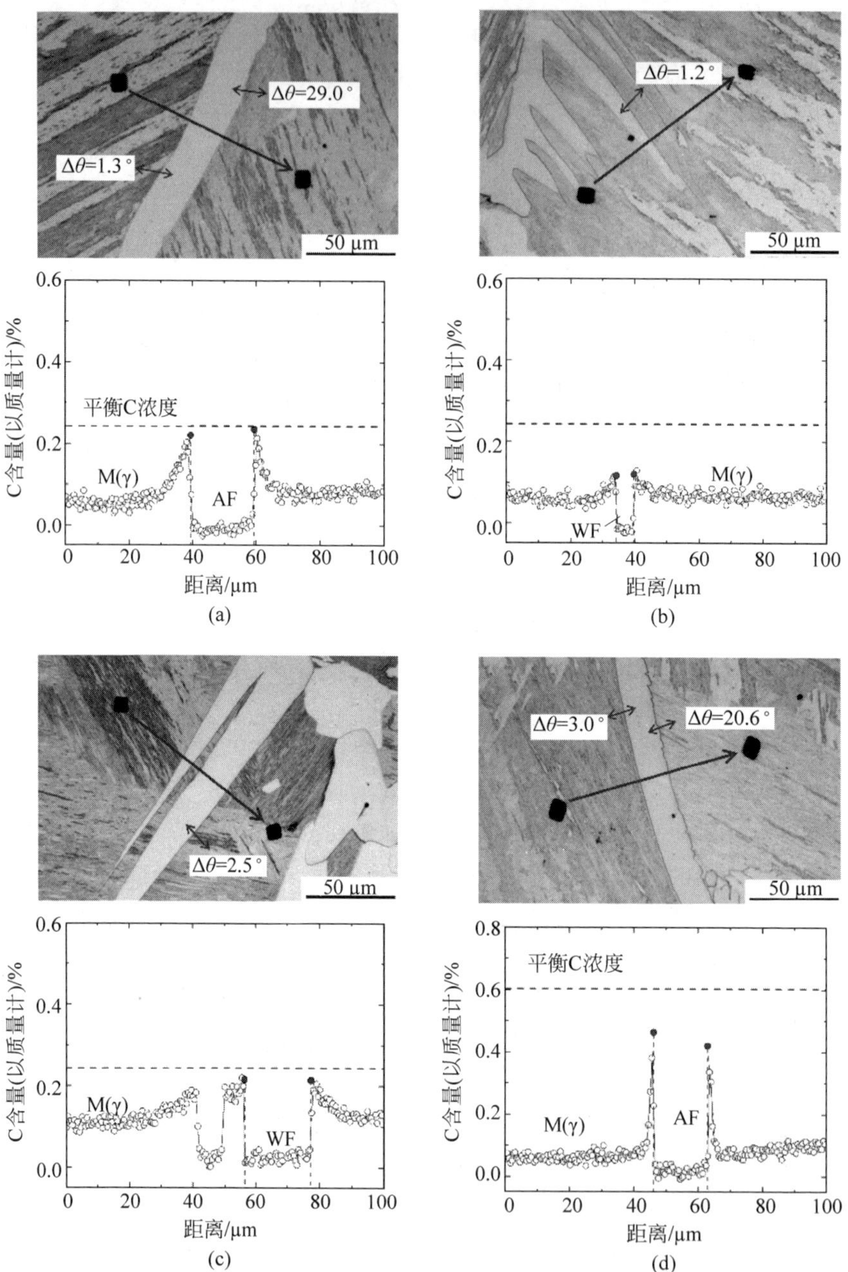

图 2.8　Fe-0.1C 合金不同热处理后的金相组织及对应 C 浓度分布的 EPMA 测定结果

AF：仿晶界铁素体，WF：魏氏体铁素体，M(γ)：马氏体(原奥氏体)

(a) AF，15 s；(b) WF，15 s；(c) WF，120 s；(d) AF，5 s；(e) WF，5 s；(f) WF，60 s

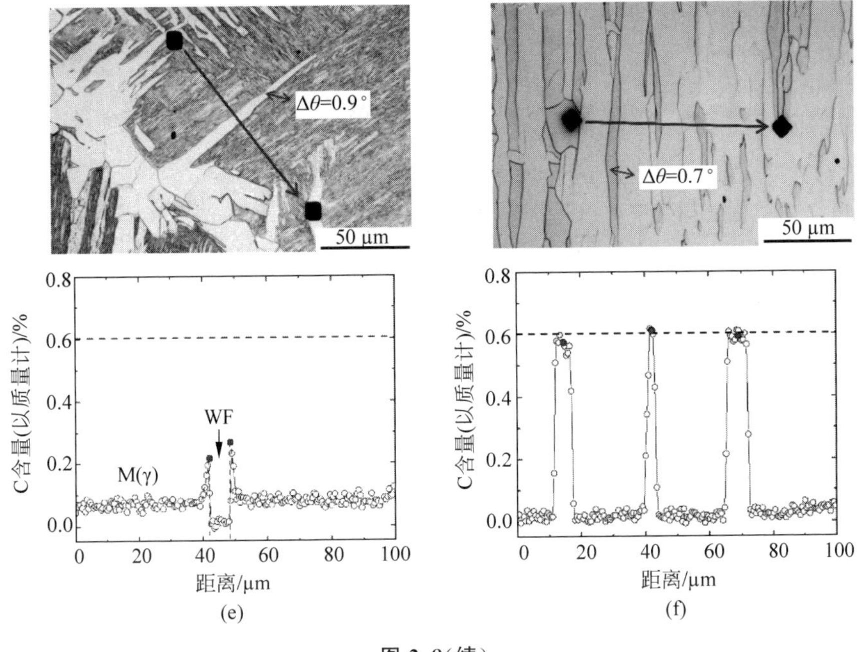

图 2.8(续)

图 2.9(a)总结了 AF/γ 与 WF/γ 界面处 C 浓度随时间的演化,图中每个数据点均由对应样品中选取 6～10 个相界面测量后求平均值得到,虚线代表不同过冷度下 A_{e3} 线的位置。由图 2.9(a)可知,在 825℃与 800℃时,晶界铁素体的 C^{γ} 值在相变极早期(5 s)偏离了平衡浓度,但随着保温时间的延长很快达到了平衡(15 s);当温度降至 750℃时,偏离程度显著增加(注意:受到大量魏氏体铁素体生成的干扰,在该条件下无法获取晶界铁素体长时间保温的实验数据)。魏氏体铁素体的 C^{γ} 值在同等热处理条件下要远小于晶界铁素体的 C^{γ} 值,且偏离程度随着等温温度的降低和保温时间的缩短而增大。依据 1.2 节所述,C^{γ} 值偏离平衡态意味着界面处存在能量耗散,其数值可通过 Thermo-Calc 的热力学计算获得。图 2.9(b)总结了 AF/γ 与 WF/γ 界面处能量耗散值随时间的演化。无论是哪种相变产物,其能量耗散值均随着等温时间的延长或等温温度的升高而减小。相比之下,魏氏体铁素体的能量耗散值在同等热处理条件下要远大于晶界铁素体。类似结果同样发现于 Fe-C-X(X＝Mn[117],Si[57],Mo[7])与 Fe-N[118] 的体系中。

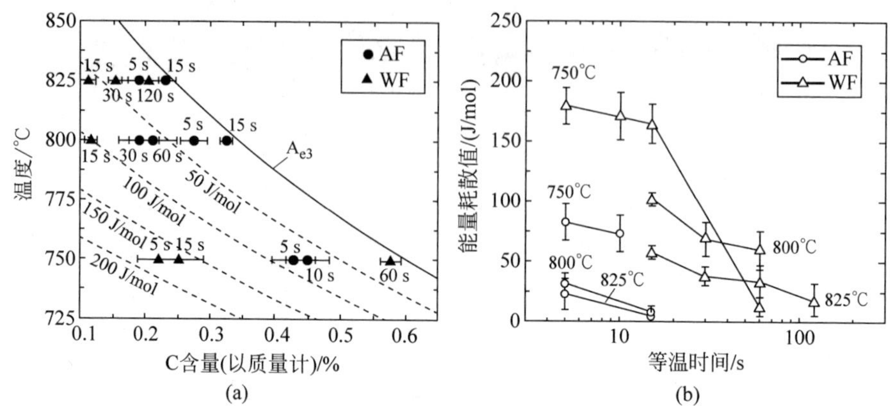

图 2.9　AF/γ 与 WF/γ 界面处 C 浓度(a)与对应能量耗散值(b)随时间的演化

2.4　本章讨论

2.4.1　界面本征迁移率的定量估算

界面本征迁移率(M_{int})的确定离不开两个重要物理参数，即界面迁移速率(v)与净化学驱动力(ΔG_m)。根据混合控制理论，v 与 ΔG_m 之间的定量关系可由式(2-8)给出：

$$v = M_{int}\Delta G_m = M_{int}(\Delta G_t - \Delta G_e) \tag{2-8}$$

其中，ΔG_m 又等于界面迁移总驱动力(ΔG_t)减去除界面本征摩擦外的其余能量耗散值(ΔG_e)。基于界面处吉布斯自由能守恒准则，ΔG_t 在数值上等于界面处总能耗散[33]，而 ΔG_e 在 Fe-C 二元系中主要源于相变应变(ΔG_s)。既然 v 与 ΔG_t 的数据均已从实验中获得，依照式(2-8)，M_{int} 与 ΔG_s 的数值就可通过线性拟合方式进行反推，如图 2.10 所示。对于重构型相变(如晶界铁素体的生长)，由于其在高温下形成的空位可通过向界面扩散来有效缓解 α/γ 之间的体积错配应变，因此由它引起的 ΔG_s 通常可忽略不计。于是，非共格 AF/γ 界面的 M_{int} 就可由过原点的直线线性拟合实验数据得到，其大小为直线斜率的倒数。相比之下，魏氏体铁素体形成过程中的相变应变要大得多，这是因为切变型相变产生的剪应变很难通过简单的空位扩散来松弛。若假设 ΔG_s 值是不随相变时间而变化的常数，则根据式(2-8)，ΔG_s 就可由线性拟合魏氏体铁素体的实验数据所获得的直线截距来导出。研究表明，无论是在哪个相变温度，伴随魏氏体铁素体长大的 ΔG_s 值均在 20 J/mol 左右。该值略小于前人报道的魏氏体尖端的形变储能(约为 50 J/mol)[119]。

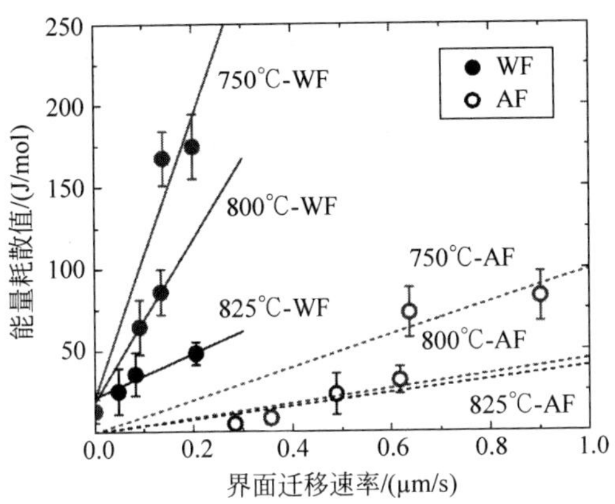

图 2.10　AF/γ 与 WF/γ 界面处能量耗散随界面迁移速率的变化关系

图 2.11 给出了不同共格性界面的 M_{int} 值随温度的变化关系。显然，不管是非共格 AF/γ 界面还是半共格 WF/γ 界面，其 M_{int} 值均随温度的降低而减小。单独来看，AF/γ 界面的 M_{int} 值位于 Zhu 等[115]与 Krielaart 等[112]的报道值之间，其与温度近似遵循 Arrhenius 关系。此时若假设 M_{int} 的迁移激活能 Q 值与前人的报道值相当，则本工作可导出非共格界面 M_{int} 的另一种表达式：

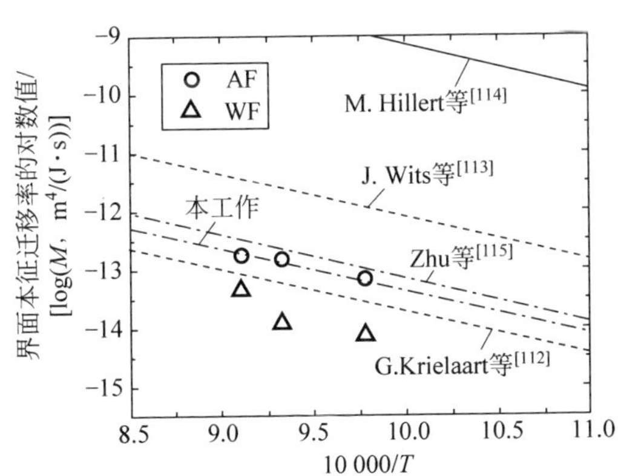

图 2.11　AF/γ 与 WF/γ 界面本征迁移率随温度的变化关系

$$M_{\text{int}} = 9.4 \times 10^{-7} \exp\left(-\frac{140\,000}{RT}\right) \text{ m}^4/(\text{J} \cdot \text{s}) \tag{2-9}$$

其中，指前因子 M_0 值（9.4×10^{-7}）与前人用循环相变方法拟合得到的下限值相近[120]。

相比之下，WF/γ 界面的 M_{int} 值要小得多，其可能与移动界面的微观结构有关（见 2.4.2 节讨论）。

2.4.2 界面本征迁移率与界面结构的关系

根据界面能局部能量最低原则，相关学者认为，无论是半共格界面还是非共格界面，其前进均可通过台阶机制来完成[121]，在微观上，它是由完全共格（或半共格）的台阶台面与非共格阶面组成的。由于台面的可移动性差，界面迁移的宏观速率（V）则由阶面奥氏体一侧的 C 扩散控制。设阶面移动速率为 v_r，V 与 v_r 的关系可描述为

$$V = \frac{h}{b} v_r \tag{2-10}$$

其中，h 与 b 分别为台阶高度和台阶间距。考虑到宏观移动界面处的能量耗散主要源于微观上可移动阶面的侧移，界面本征迁移率被认为也遵循类似的界面移动速率关系：

$$M_{\text{int}} = \frac{h}{b} M_r \tag{2-11}$$

其中，M_r 为台阶阶面的本征迁移率。

对于非共格 AF/γ 界面，通常其 b 值与 h 值较为相近，因此宏观界面的本征迁移率与阶面本征迁移率相当。相比之下，魏氏体铁素体宽面上的台阶间距要远大于台阶高度。据报道，Fe-C 二元合金中的 $\frac{b}{h}$ 值可为 5～50[122]，该数值范围与本工作导出的 AF/γ 和 WF/γ 界面的 M_{int} 值的差异相当，表明界面微观结构差异可能是改变界面宏观本征迁移率的重要原因。早期，Enomoto[123] 基于界面迁移的台阶机制从理论上分析了界面微观结构对相变动力学的影响。当 $\frac{b}{h}=2$（大 M_{int}）时，界面几乎能立即达到非共格平直界面所预测的生长速率；而当 $\frac{b}{h}=50$（小 M_{int}）时，达到理论预测值所经历的时间将显著延长，这可以解释本研究中 C^{γ} 值和 ΔG_t 值随时间的演化规律。需要指出的是，准确推导半共格界面本征迁移率对温度的依赖

关系需有更多的低温实验数据。因此，具有更低 A_{e3} 温度的中碳钢或 Fe-N 钢可作为进一步探讨此问题的模型合金。同时，本工作中关于“应变能不变”的假设在实际相变过程中可能并不成立，揭示应变能随界面移动速率的变化关系将会是相变领域面临的另一个新挑战。

2.5 本章小结

本章以非共格 AF/γ 界面及半共格 WF/γ 界面为研究对象，通过测定界面迁移速率与界面处能量耗散值直接估算出了两种不同性质界面的本征迁移率。结果表明，半共格界面的本征迁移率大小比非共格界面约小一个数量级，后者与温度近似遵循 Arrhenius 关系；伴随魏氏体铁素体切变长大产生的能量耗散值约为 20 J/mol，其对界面迁移动力学的影响远小于本征迁移率。

第3章 相间析出碳化物对α/γ界面的钉扎作用

3.1 本章引言

向钢中引入弥散析出的第二相粒子来钉扎晶界是实现晶粒细化的常用方式[124]。基于“刚性球”模型假设，Zener 早年推导出了定量估算钉扎力的公式[125]，并被后人拓展和完善[126-130]。凭借形式简单、物理参数明确等优点，该公式在学术界与工业界得到了广泛应用。微合金钢中 α/γ 界面的迁移常伴随纳米碳化物的析出，称为相间析出。相间析出不仅可以改变界面附近的溶质原子分布，还能够诱导钉扎力阻碍界面迁移，从而使相变动力学复杂化。为了阐明微合金元素(如 V、Ti、Nb)对 α/γ 界面迁移行为的影响，定量估算碳化物钉扎力是首要任务之一。不同于析出相对晶界的钉扎，碳化物与相界面的交互作用因涉及晶格结构转变、元素局域配分等因素的叠加而变得尤为复杂，目前鲜有工作对其进行定量的描述。此外，相比于随机析出，相间析出型碳化物具有分布周期性、局部密度大等典型特征，经典 Zener 模型是否同样适用于定量估算此类析出相的钉扎力还有待做进一步澄清。

本章将基于循环相变思想，通过设计循环相变热处理工艺来实现相间析出碳化物与来回迁移相界面的交互作用，同时结合界面处吉布斯自由能守恒模型定量估算碳化物的钉扎效应，并与经典 Zener 及其修正理论的计算值作对比。

3.2 实验方法及模型

3.2.1 实验方案设计

本章使用的模型合金是 Fe-0.1C-1.5Mn-(0,0.1)Nb，下文简称为 0Nb

合金和 0.1Nb 合金。在描述实验步骤及指导模型之前，本节先介绍实验方案的设计思路。

图 3.1(a)给出了循环相变的热处理工艺示意图，具体设计思路如下：首先将完全奥氏体化的样品冷却至两相区的 T_1 温度保温一段时间，以获得部分铁素体组织(记为过程Ⅰ)，该过程结束后，规则排列的相间析出碳化物将出现在 0.1Nb 合金的铁素体基体内，而不存在于 0Nb 合金中；随后将样品连续升温至高于 α→γ 临界转变温度($PNTT_{\alpha\to\gamma}$)的 T_2 温度，并等温一段时间，使 α/γ 界面回迁至铁素体一侧(记为过程Ⅱ)，在该过程中，0.1Nb 合金内的碳化物阵列将诱导钉扎力，阻碍界面前进，而 0Nb 合金中因不存在析出相阻碍而获得了较高的界面移动速率；在 T_2 温度等温结束后，将样品连续冷却至低于 γ→α 临界转变温度($PNTT_{\gamma\to\alpha}$)的 T_3 温度，继续等温一段时间。这段热处理使 α/γ 界面向新生成的奥氏体一侧推进(记为过程Ⅲ)。此时对于 0.1Nb 合金，钉扎力产生于移动界面与新生成奥氏体中保留的相间析出碳化物之间，而在 0Nb 合金中因不存在这种交互作用，其界面前行依旧通畅。图 3.1(b)展示了上述Ⅰ、Ⅱ、Ⅲ过程所对应的微观组织演化情况。此外，为了精确估算钉扎力，我们在实验过程中应尽量保持两种合金的 α→γ 和 γ→α 相变的初始驱动力相同或接近。在 C 扩散控制的反应里，驱动力大小主要由奥氏体中的 C 富集量决定，其值可通过统计先共析铁素体的体积分数和杠杆法求得。值得注意的是，本研究中 NbC 析出所消耗的 C 含量可忽略不计，这是因为 0.1%(以质量计)的 Nb 最多只能消耗约 0.012%(以质量计)的 C，其对奥氏体中 C 富集量的影响甚微。

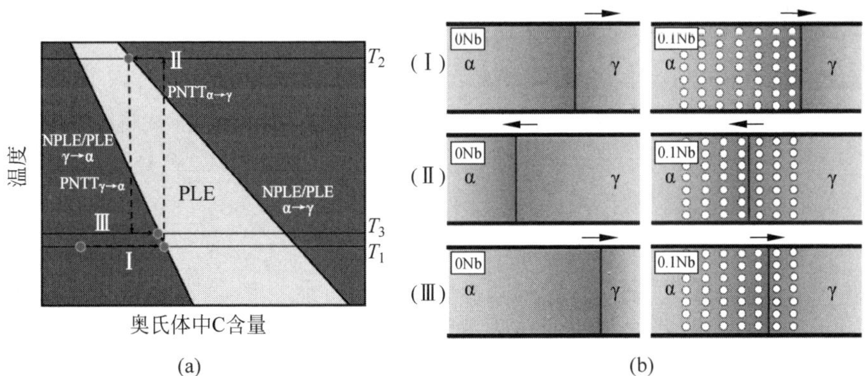

图 3.1 循环相变热处理工艺设计思路(a)及各阶段对应的组织演化示意图(b)

相图上 NPLE/PLE 分界线代表 NPLE 模式向 PLE 模式转变时的临界条件，PNTT 代表模式转变的临界温度

3.2.2 实验步骤

实验钢锭由真空感应熔炼得到，经热轧至约 12 mm 终厚。从热轧板上切下 100 mm×25 mm×12 mm 的块状样，将其用石英管封管后充入氩气，随后置于1250℃的管式炉中均匀化 21.6 ks。表 3.1 列出了两种合金均匀化后的实际成分及对应的热力学特征温度。

表 3.1　实验用钢化学成分及特征热力学温度

合金	成分(以质量计)/%				特征温度/℃		
	C	Mn	Si	Nb	Para-A_{e3}	NPLE/PLE	NbC 在 γ 中的溶解温度
0Nb	0.1	1.5	0.05	—	807	763	—
0.1Nb	0.077	1.5	0.05	0.1	811	765	1186

基于 3.2.1 节的设计思路和大量前期探索性实验，本研究首先确定了 T_1、T_2 和 T_3 三个循环热处理温度，如图 3.2(a)所示。考虑到 Nb 添加对 NPLE/PLE α→γ 和 γ→α 线的位置影响不大，此处均使用 0Nb 合金的计算结果。为了在初始未转变奥氏体中得到相同的 C 含量，我们将 0Nb 和 0.1Nb 合金分别置于 700℃保温 30 min 和 40 min，此时相变均已进入稳态。依据不同的研究目的，本章将热处理工艺分为 I1 型、H1 型及 H2 型三类。对于 I1 型，实验中将 700℃等温相变完成后的试样连续升温至 800℃，以诱导 α→γ 相变，如图 3.2(b)所示；对于 H1 型，实验中则是先将两种合金加热至 790℃等温 20 min(目的是获得相同的奥氏体 C 富集量)，随后连续冷却至 680℃以诱导 γ→α 相变，如图 3.2(c)所示。H2 型热处理的目的是研究相间析出碳化物对等温转变动力学的影响，如图 3.2(d)所示，其中虚线表示中断淬火实验，用于观察每个循环热处理后的显微组织。预留 NbC 颗粒将在 1250℃的奥氏体化过程中被完全溶解。本研究所涉及的全部热力学计算均由附带 TCFE7 数据库的 Thermo-Calc 软件完成。

本实验利用热膨胀仪(型号：Bahr DIL805A/D，配有径向激光检测设备)来实现循环相变热处理，并用于记录转变动力学。样品采用直径为 4 mm，长度为 10 mm 的标准热膨胀试样。热处理后样品经 4%的硝酸酒精浸蚀后，用于在 OM 下进行金相观察。先共析铁素体体积分数由数点法进行统计，并通过杠杆法计算出奥氏体中的平均 C 含量。0.1Nb 样品通过

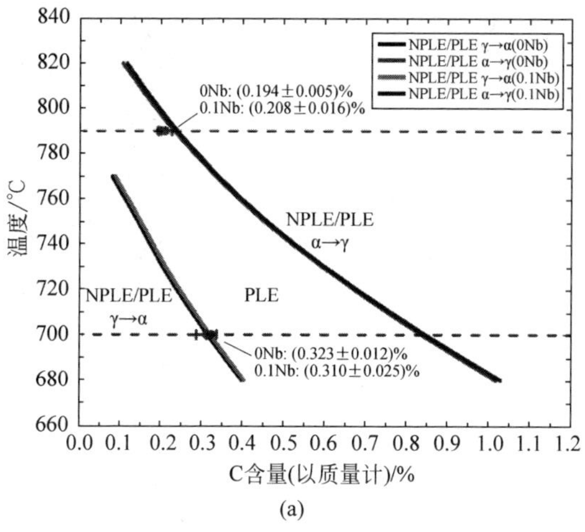

(a)

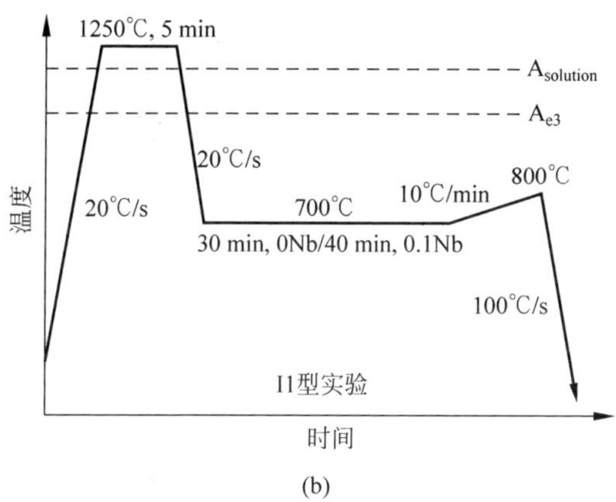

(b)

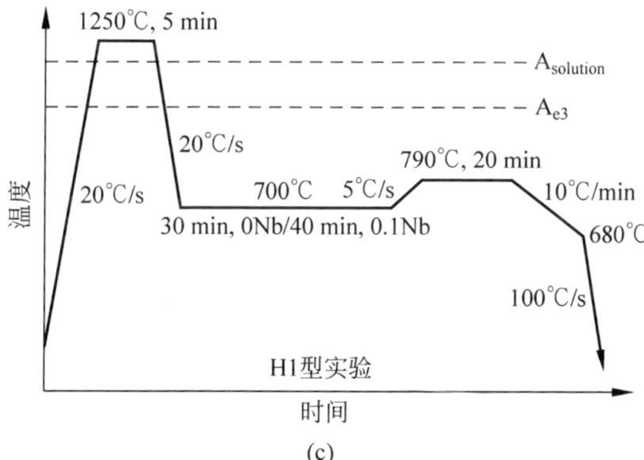

(c)

图 3.2　热处理工艺的指导相图及三种不同类型的循环相变实验(见文前彩图)

(a) 基于局域平衡模型的 γ/(α+γ)相图；(b) I1 型；(c) H1 型；(d) H2 型

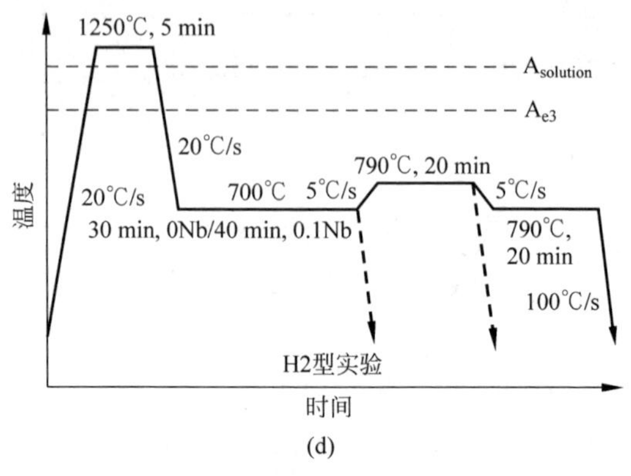

(d)

图 3.2(续)

透射电子显微镜(型号：FEI Tecnai G20,电压：200 kV)来表征其内部的相间析出碳化物,具体方法如下：从热膨胀样上切下 0.5 mm 厚的小圆片,随后用砂纸将其机械磨抛至 50 μm 厚,最后进行双喷减薄(电压 20 V,在－30℃使用 10%的高氯酸酒精)。本章采用三维原子探针(CAMECA LEAP-4000 HR)来表征界面附近的析出相分布及元素偏聚情况。用聚焦离子束的 Lift-out 方法制备 3DAP 测量用的针状样品,测试所用的分析温度、脉冲比及脉冲率分别为 50 K、20%和 200 kHz。使用 IVAS(3.6 版本)商业软件对测量结果进行重构与分析。

3.2.3 模型

本节采用界面处吉布斯自由能守恒模型(下文简称 GEB 模型)来定量分析移动 α/γ 界面与相间析出碳化物间的交互作用。由于局域平衡模型已被证明是 GEB 模型的一个特殊情况[61],因此本章将对后者进行重点描述。

3.2.3.1 界面移动驱动力

界面移动驱动力本质上由各溶质原子在界面两侧的化学势差决定,即

$$\Delta G_{\mathrm{m}}^{\mathrm{chem}} = \sum_{i}^{n} x_i^{\mathrm{tr}} [\mu_i^{\gamma}(x_i^{\gamma}) - \mu_i^{\alpha}(x_i^{\alpha})] \tag{3-1}$$

其中,$i=1,2,3,4$ 分别对应合金中 Fe、C、Mn、Nb；x_i^{γ} 与 x_i^{α} 分别是元素 i 在界面奥氏体一侧和铁素体一侧的浓度；μ_i^{γ} 与 μ_i^{α} 分别是对应的化学势；

x_i^{tr} 是穿过界面的元素浓度，在忽略铁素体中元素扩散的前提下，等同于 x_i^{α}。若假设相变时置换型合金元素 M 不发生长程配分，则 x_M^{γ}、x_M^{α} 将与基体成分 x_M^0 相同，即 $x_M^{\gamma}=x_M^{\alpha}=x_M^0$。

通常情况下，晶界铁素体的生长动力学可用 C 扩散控制的一维生长模型加以描述，其相变阶段分为非扩散场重叠阶段和扩散场重叠阶段（也叫软碰撞）[131]。基于质量守恒和 Fick 第一定律，非扩散场重叠阶段的界面移动速率(v)与扩散场宽度(L)可由式(3-2)和式(3-3)描述：

$$v=\frac{2D_C^{\gamma}(x_C^{\gamma}-x_C^0)}{L(x_C^{\gamma}-x_C^{\alpha})} \tag{3-2}$$

$$L=\frac{3S(x_C^0-x_C^{\alpha})}{(x_C^{\gamma}-x_C^0)} \tag{3-3}$$

其中，D_C^{γ} 是 C 在奥氏体中的扩散系数；x_C^{γ} 与 x_C^{α} 分别是 C 在界面奥氏体和铁素体一侧的摩尔浓度；x_C^0 是奥氏体的基体 C 浓度；S 是新相的半厚度。

当进入软碰撞阶段后，界面移动速率、C 在奥氏体的中部浓度(x_C^m)及扩散场宽度可描述为

$$v=\frac{2D_C^{\gamma}(x_C^{\gamma}-x_C^m)}{L(x_C^{\gamma}-x_C^{\alpha})} \tag{3-4}$$

$$x_C^m=\frac{3S(x_C^0-x_C^{\alpha})/L+3x_C^0-x_C^{\gamma}}{2} \tag{3-5}$$

$$L=L_0-S \tag{3-6}$$

其中，L_0 是初始奥氏体的半厚度。

事实上，在循环相变过程中，奥氏体与铁素体中均存在 C 的扩散场。但由于 C 在铁素体中的扩散速率要远大于奥氏体，因此铁素体中的 C 浓度梯度可被忽略，此时界面迁移动力学依然仅受 C 在奥氏体中的扩散控制，而不依赖界面迁移方向。

联合式(3-1)～式(3-6)可知，界面奥氏体一侧的 C 浓度(x_C^{γ})是联系 ΔG_m^{chem} 和 v 的桥梁，因此可将 ΔG_m^{chem} 表示为 v 的函数。

3.2.3.2 界面处能量耗散

忽略重构型相变中的应变阻力，界面处能量耗散将包含两部分，即溶质拖曳效应(ΔG_m^{SDE})与界面摩擦($\Delta G_m^{friciton}$)。两者均是界面移动速率的函数，

其计算公式已由式(1-16)和式(1-7)分别给出，其中界面本征迁移率采用 Hillert 等[114]提出的如下形式：

$$M = 0.035\exp\left(\frac{-147\ 000}{RT}\right) \tag{3-7}$$

需要强调的是，因相间析出的发生，本研究还需考虑另一个重要阻力项，即由碳化物钉扎界面引起的能量耗散，记为 ΔG_m^{PF}。因钉扎力与温度及界面迁移速率间的物理关系尚不可知，为简化起见，本节假设 ΔG_m^{PF} 为常数。

3.2.3.3 界面处能量守恒

至此，界面移动的驱动力和界面处能量耗散值均可表示为界面移动速率的函数。根据吉布斯自由能守恒定律，在准稳态下，界面移动的驱动力与阻力需达到平衡，即

$$\Delta G_m^{chem}(v) = \Delta G_m^{SDE}(v) + \Delta G_m^{friciton}(v) + \Delta G_m^{PF} \tag{3-8}$$

式(3-8)可通过数值法寻找每一时刻下驱动力与阻力函数曲线的交点，由此得出体系演化的相变动力学。

3.3 实验结果

3.3.1 界面迁移前后的微观组织

图 3.3(a)～(d)给出了两种合金在 H2 型热处理过程中的组织演化。结果表明，在 790℃ 等温期间，奥氏体显著增长，并且无额外形核迹象。换句话说，循环相变时，奥氏体生长主要通过 700℃ 等温结束后已有 α/γ 界面的迁移来实现。表格 3.2 列出了用杠杆法计算所得的奥氏体中平均 C 含量，并标注于图 3.3(a)中，可见两种合金在循环热处理前的奥氏体中的平均 C 含量非常接近，故认定其初始相变驱动力也相近。图 3.3(e)给出了 0.1Nb 合金在 700℃ 等温结束后的 TEM 照片，证实了铁素体内存在大量相间析出 NbC，其分布以平面型为主；根据图 3.3(f)的衍射结果可知，该晶粒中碳化物阵列所在的晶体学面接近$(-110)_\alpha$。此外，统计表明，NbC 的平均颗粒直径为(6±1.5)nm(测量约 70 个碳化物)，平均列间距约为 20 nm。

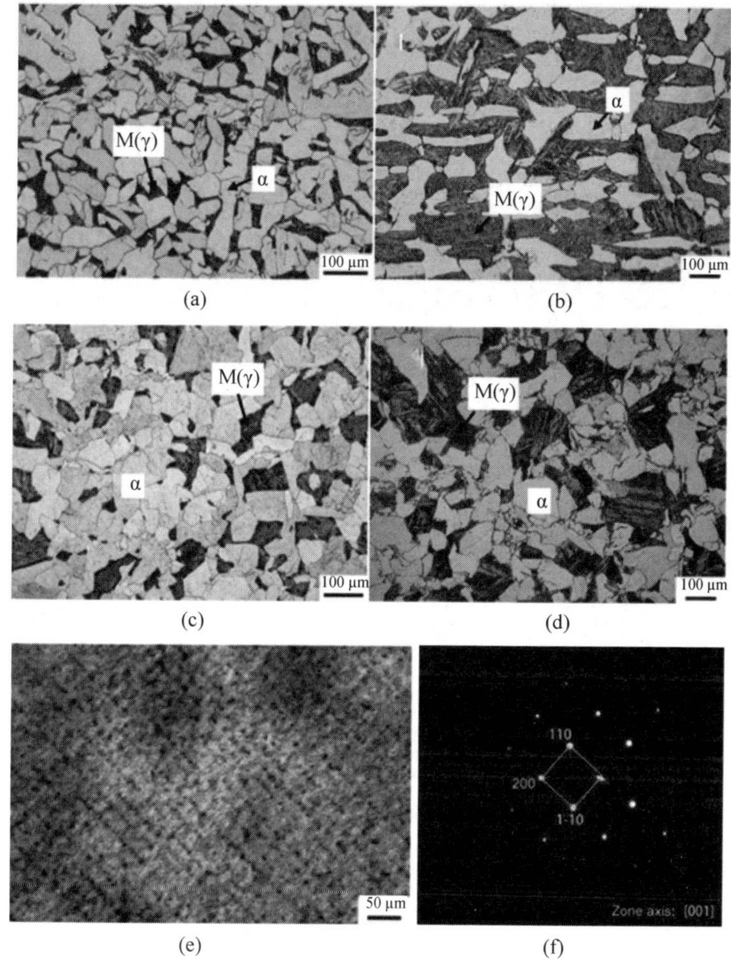

图 3.3　两种合金循环热处理后的 OM 和 TEM 照片

(a) 0Nb 和(c)0.1Nb 合金在 700℃分别等温 30 min 和 40 min 后淬火，对应过程Ⅰ；(b) 0Nb 和(d)0.1Nb 合金紧接过程Ⅰ在 790℃等温 20 min 后淬火，对应过程Ⅱ；(e) 0.1Nb 合金在过程Ⅰ后得到的相间析出组织；(f)对应的衍射花样图

表 3.2　两种合金不同热处理后的铁素体体积分数及奥氏体中的平均 C 含量

热处理	0Nb 合金		0.1Nb 合金	
	铁素体体积分数/%	奥氏体中的平均 C 含量(以质量计)/%	铁素体体积分数/%	奥氏体中的平均 C 含量(以质量计)/%
过程Ⅰ(700℃)	69.0±1.0	0.323±0.012	75.2±1.9	0.313±0.025
过程Ⅱ(790℃)	48.5±1.1	0.194±0.005	63.0±2.6	0.208±0.016

为了进一步分析循环热处理后的碳化物分布及元素配分/偏聚情况，本章对 0.1Nb 合金在 790℃等温结束后(对应图 3.3(d))的 α/γ 界面做了 3DAP 分析，如图 3.4 所示。显然，在界面处有明显的 C、Mn 的原子富集，但无 Nb 富集，表明铁素体内固溶 Nb 原子已被先前(700℃)γ→α 相变过程中的相间析出 NbC 所消耗殆尽。此外，在界面两侧还发现了两个尺寸近似的 NbC 颗粒(见图 3.4(a)和(b))，再一次证实循环相变时界面发生了回迁，将原来铁素体内的 NbC 遗留在了长大奥氏体中。此外，实验中通过定量分析发现，Mn 在奥氏体一侧的浓度要比铁素体一侧高(见图 3.4(e))，表明 Mn 在循环相变过程中发生了配分。然而根据扩散距离与时间的平方根关系可知，Mn 在 790℃等温时的奥氏体基体内只扩散了约 27 nm，这意味着 Mn 只在界面附近有配分，但未发生长程扩散，符合先前 NPLE 的假设。

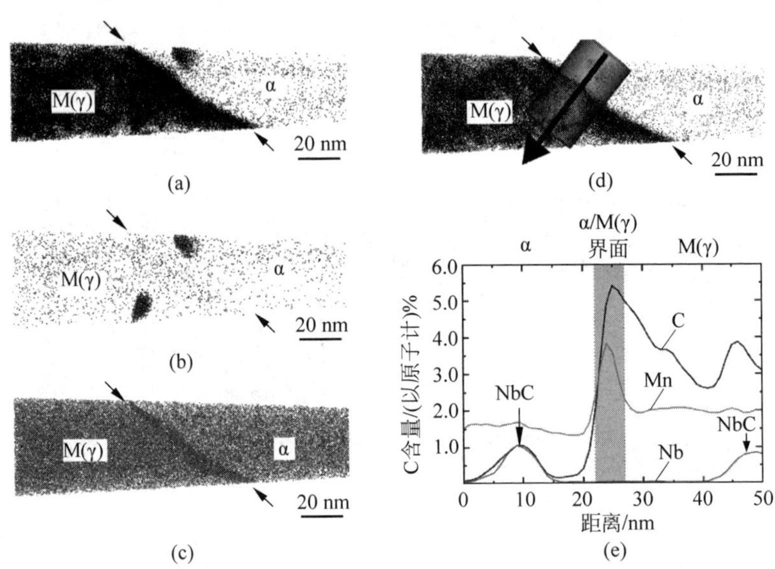

图 3.4　0.1Nb 合金在过程Ⅱ热处理后的三维原子探针结果

(a) C 元素分布；(b) Nb 元素分布；(c) Mn 元素分布；(d) 取 $\phi 30\ \text{nm} \times 50\ \text{nm}^2$ 的感兴趣区域；(e) 感兴趣区域所对应的各元素浓度分布

3.3.2　相间析出碳化物对移动界面的钉扎(α→γ)

图 3.5(a)和(b)分别给出了 0Nb 和 0.1Nb 合金在 I1 型循环相变时的部分热膨胀曲线。本节将连续升温部分的相变分为两个阶段：①相变停滞阶段，即 A_1—A_2，其对应膨胀曲线的线性部分，此时无相变或界面迁移的

发生；②铁素体向奥氏体转变阶段，即 A_2—A_3，其对应膨胀曲线的收缩部分，此时界面向原铁素体一侧回迁。此外，两种合金在加热过程中均出现了异常膨胀现象，这被认为与材料的磁性转变有关，此现象也曾出现在接近居里温度的纯铁中，由射频场下电子-声子的相互作用变化所致[132]。图 3.5(a)和(b)还分别标定了两种合金的临界 α→γ 转变温度。对于 0Nb 合金，其实验值(A_2 点，772℃)与理论计算的 $PNTT_{\alpha\to\gamma}$ 温度(771℃)非常接近，证明了用 LE 理论设计热处理工艺是合理的；而对于 0.1Nb 合金，其开始转变温度(783℃)明显高于理论预测值(776℃)，即出现了相变滞后现象。这种温度差异间接反映了 α/γ 界面回迁时受到了相间析出碳化物的阻碍，因此体系需要升到更高温度以获得足够的相变驱动力来启动界面。

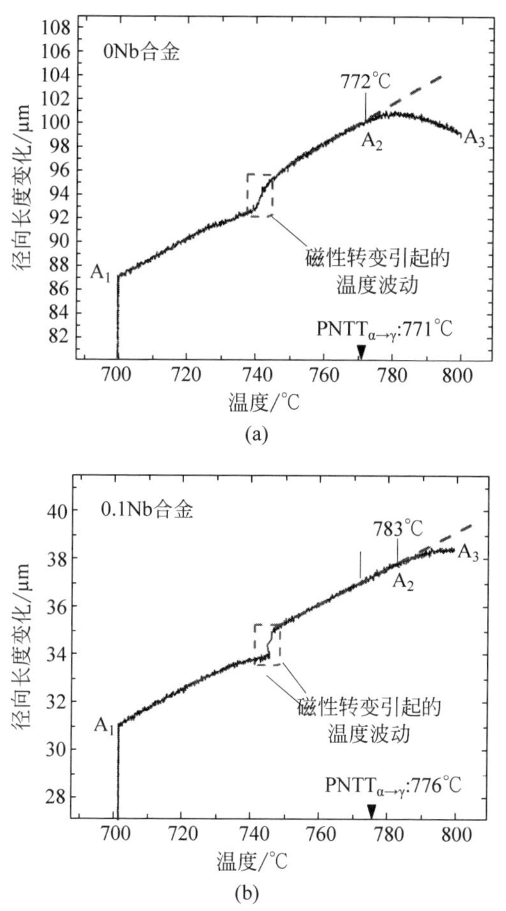

图 3.5　0Nb(a)与 0.1Nb 合金(b)在 I1 型循环相变时的部分热膨胀曲线

本节接下来用 GEB 模型对上述实验结果进行定量分析，以获得相间析出 NbC 的钉扎力。依照先前 Chen 等[61,133]的工作，本节将界面厚度设定为 0.5 nm；Mn 穿过界面的扩散速率 $D_{\mathrm{Mn}}^{\mathrm{Int}}$ 设定为其在奥氏体、铁素体中及沿晶界扩散系数的几何平均值，即 $\sqrt[3]{D_{\mathrm{Mn}}^{\alpha} D_{\mathrm{Mn}}^{\gamma} D_{\mathrm{Mn}}^{\mathrm{gb}}}$。所有扩散系数数据均取自文献[134]；Mn 与 α/γ 界面的结合能采用 9.9 kJ/mol。

图 3.6 给出了各个能量耗散项随界面移动速率的变化关系（以 760℃为例）。当界面移动速率很大时（不小于 10^{-4} m/s），界面处的能量耗散主要由界面本征摩擦所致，而几乎无溶质拖曳和浓度尖峰引起的能量耗散贡献；当界面移动速率很小时（不大于 10^{-8} m/s），溶质拖曳效应与界面摩擦的影响可忽略不计，此时以浓度尖峰造成的能量耗散为主。此外，考虑到原铁素体中的大量固溶 Nb 原子被相间析出 NbC 所消耗殆尽（见图 3.4(e)），在后续 α→γ 相变时仅需考虑由 Mn 界面偏聚而引起的溶质拖曳效应，故两种合金的总能量耗散可近似认为相等。

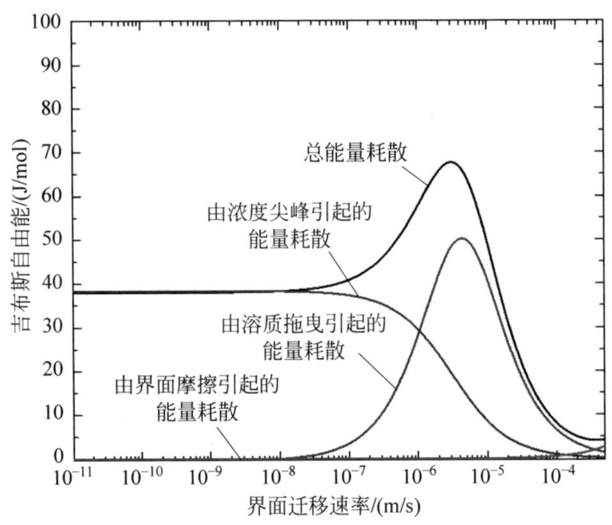

图 3.6　各能量耗散项随界面移动速率的变化关系（以 760℃为例）

图 3.7 给出了两种合金在不同温度下的界面处化学驱动力和能量耗散值随界面移动速率的变化关系。在 760℃，两种合金的化学驱动力在任何界面移动速率下均低于能量耗散值，如图 3.7(a)所示，表明此时相变极其缓慢，其相变动力学由 Mn 的长程扩散控制（对应 PLE 阶段）；当温度进一步升高时，如升至 775℃（见图 3.7(b)），0Nb 合金的化学驱动力能够克服因

Mn 局域配分而造成的能量耗散，此时相变进入 NPLE 阶段，相变速率明显变快；而对于 0.1Nb 合金，由于其化学驱动力小于能量耗散，因此相变仍处于几乎停滞的 PLE 阶段；当温度升高至 783℃时(见图 3.7(c))，两种合金的化学驱动力均超过了其阻力项，因此理论上 0.1Nb 合金的 α→γ 相变已启动，反映在膨胀曲线上的收缩阶段。然而，如图 3.5(b)所示，783℃仅是相变开始的温度，意味着在这个温度下，相变处于即将发生的临界点，表明界面处存在额外能量耗散，推迟了 α→γ 相变的发生。此额外能量耗散就是由相间析出 NbC 所引起的钉扎阻力。因温度对钉扎力大小的影响尚不明确，本节假设它为常数，由此可推导出 ΔG_m^{PF} 是零界面移动速率下化学驱动力与总能量耗散值之间的差值，如图 3.7(c)所示，约为 15 J/mol，对应图 3.5(b)中约 7℃的过热度。需要指出的是，即使相间析出未完全消耗先前铁素体中的固溶 Nb 原子，在界面移动速率非常低(不大于 10^{-8} m/s)的情况下，因 Nb 残留而导致的溶质拖曳损耗也几乎为 0，如图 3.7(c)中的点画线所示，因此对 ΔG_m^{PF} 值估算的影响可忽略不计。

图 3.8 给出了 0.1Nb 合金在 790℃等温时的奥氏体长大动力学及 GEB 模拟结果。纵坐标 $f_\gamma(t=0)$ 与 $f_\gamma(t)$ 分别代表奥氏体在初始及等温

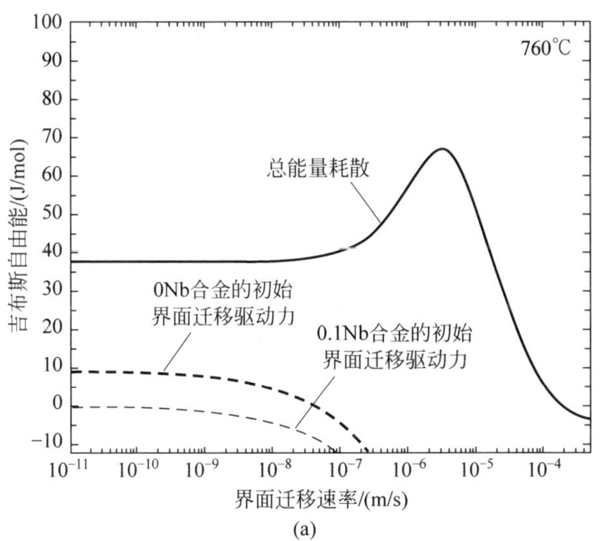

(a)

图 3.7　不同温度下两种合金的界面处化学驱动力和能量耗散值随界面移动速率的变化关系(α→γ)

(a) 760℃；(b) 775℃；(c) 783℃

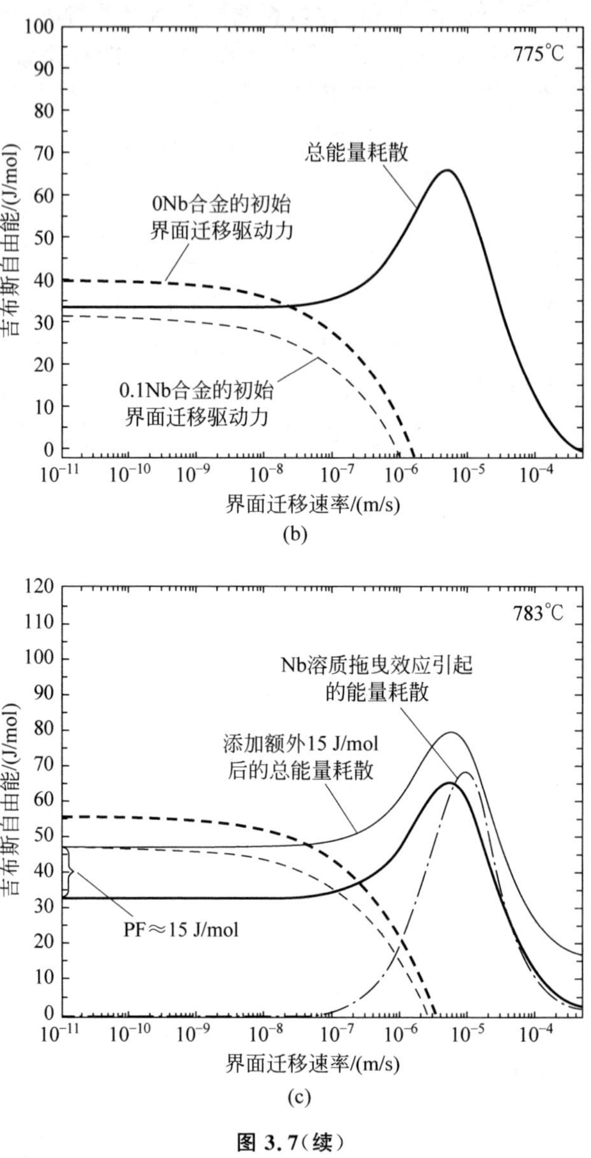

图 3.7(续)

阶段的相体积分数。通过假设不同的 ΔG_{m}^{PF} 值，GEB 模型可以较好地拟合实验相变曲线。该结果表明，ΔG_{m}^{PF} 可能是一个随相变进程而变化的物理量，其值仅在 0～10 J/mol 的范围内，但不会很大(如大到 50 J/mol)，这与上述 I1 型实验推导的 ΔG_{m}^{PF} 值相当。

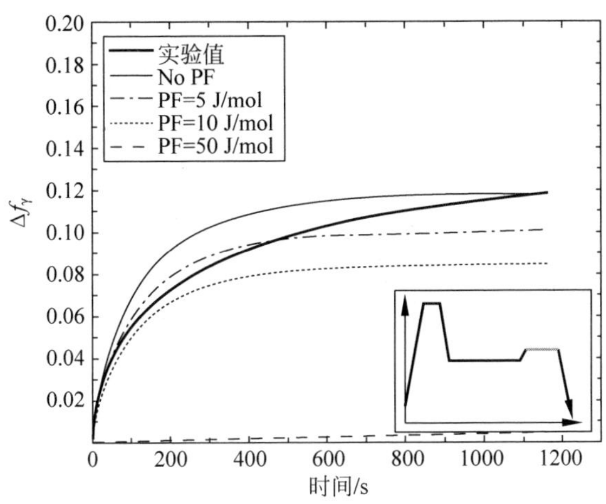

图 3.8　0.1Nb 合金 790℃等温时的奥氏体长大动力学及 GEB 模拟结果

$\Delta f_\gamma = f_\gamma(t) - f_\gamma(t=0)$

3.3.3　相间析出碳化物对移动界面的钉扎(γ→α)

图 3.9 给出了两种合金在 H1 型循环相变时的部分热膨胀曲线。对于 α→γ 相变，加热过程(B_1—B_2)和冷却过程(B_3—B_4)中的线性膨胀阶段可视为相变停滞阶段；而在 790℃等温时的收缩阶段(B_2—B_3)则代表奥氏体生长。同样，在加热和冷却过程中出现的异常膨胀或收缩现象与磁性转变时电子-声子的相互作用有关。研究重点将放在非线性膨胀阶段(B_4—B_5)，因

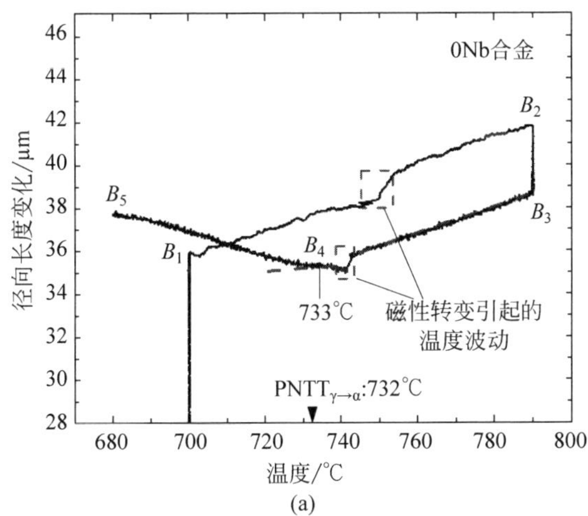

图 3.9　0Nb(a)与 0.1Nb 合金(b)在 H1 型循环热处理时的部分热膨胀曲线

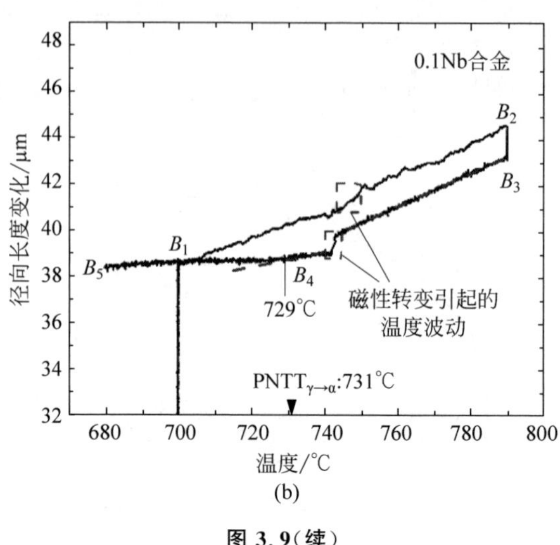

(b)

图 3.9(续)

为它预示着 γ→α 相变的发生。如图 3.9(a)所示，0Nb 合金的相变起始温度为 733℃(B_4 点)，与 $PNTT_{\gamma\to\alpha}$ 基本一致。有趣的是，实验测得的 0.1Nb 合金的相变起始温度(729℃)与其 $PNTT_{\gamma\to\alpha}$(731℃)也相当接近，如图 3.9(b)所示，表明界面重新迁回原奥氏体时，相间析出 NbC 的钉扎效果不再显著。

图 3.10 给出了两种合金在不同温度下发生 γ→α 相变时界面处化学驱动力、能量耗散值随界面移动速率变化的趋势。同样，由于在原铁素体(或新形成奥氏体)中几乎无固溶 Nb 原子，体系的总能量耗散被认为仅由界面处 Mn 的偏聚和配分所致。如图 3.10(a)所示，在 750℃时，两种合金的化学驱动力在任何界面移动速率下都小于总能量耗散，因此相变由 Mn 在奥氏体中的体扩散控制，对应冷却过程中的相变停滞阶段；当温度降至 729℃时(见图 3.10(b))，两种合金的化学驱动力均能克服因 Mn 浓度尖峰引起的相变阻力，此时相变进入 NPLE 阶段，反映在实验曲线上则有明显的膨胀现象。依照与 α→γ 相变相同的钉扎力估算方法，γ→α 相变时的 ΔG_m^{PF} 仅为 5 J/mol(见图 3.10(b))，对应图 3.9(b)中 2℃的过冷度。

图 3.11 给出了 0.1Nb 合金在 700℃等温时的铁素体长大动力学及 GEB 模拟结果。纵坐标 $f_\alpha(t=0)$ 与 $f_\alpha(t)$ 分别代表铁素体在初始及等温阶段的相体积分数。结果表明，当 ΔG_m^{PF} 值为 0～8 J/mol 时，GEB 模型预测的动力学曲线与实验结果符合较好；而当 ΔG_m^{PF} 取值为 50 J/mol 时，相

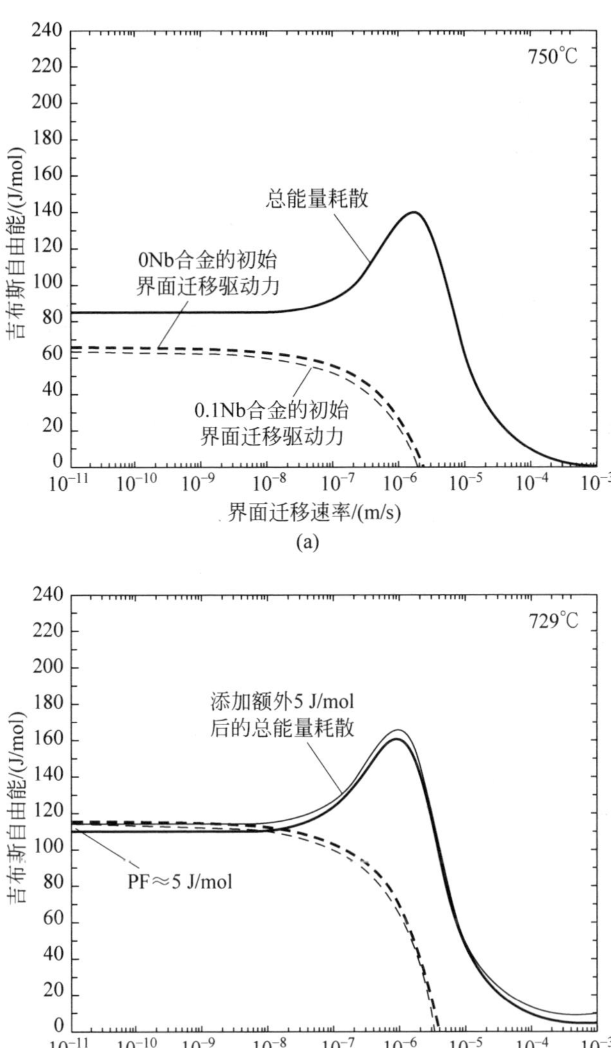

图 3.10　不同温度下两种合金的界面处化学驱动力和能量耗散值随界面移动速率变化的趋势(γ→α)

(a) 750℃；(b) 729℃

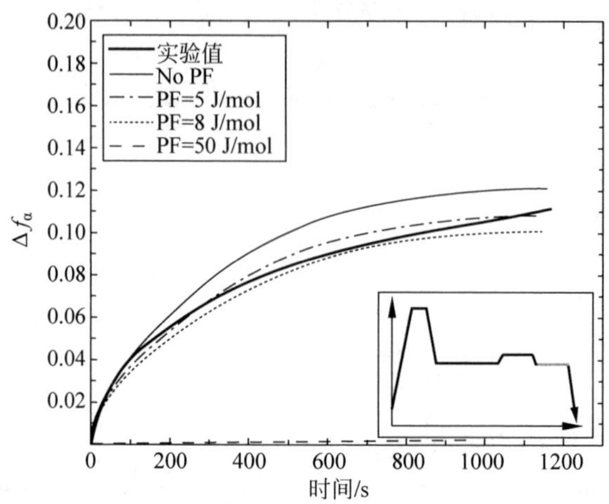

图 3.11　0.1Nb 合金 700℃ 等温时的铁素体长大动力学及 GEB 模拟结果

$\Delta f_\alpha = f_\alpha(t) - f_\alpha(t=0)$

变进入几乎停滞的 PLE 阶段，此时模拟值显著偏离实验结果，再次表明 γ→α 相变时的 ΔG_m^{PF} 值不可能很大。

3.4 本章讨论

3.4.1 钉扎力数值的精度分析

图 3.12 给出了零界面移动速率下化学驱动力与能量耗散值随温度的变化关系。对于连续加热情况（见图 3.12(a)），A 点是零速率下化学驱动力曲线与能量耗散曲线的交点，对应于 α→γ 转变的临界温度（$PNTT_{\alpha\to\gamma}$）。然而，因 ΔG_m^{PF}(15 J/mol)的存在，能量耗散曲线将向上平移，由此导致更高的相变起始温度（B 点）。同样，对于连续冷却情况（见图 3.12(b)），C 点对应于 $PNTT_{\gamma\to\alpha}$。由于增加了 5 J/mol 的钉扎阻力，铁素体相变的起始温度将降至 D 点。综上所述，ΔG_m^{PF} 值本质上由 PNTT 温度与实验测得的起始相变温度的差值决定，而后者的准确性将直接关系到 ΔG_m^{PF} 的精度。本章经过多次 I1 型和 H1 型的重复实验后，证实两种转变的起始温度波动在 ±2℃范围内，这对应于 α→γ 与 γ→α 转变时的 ΔG_m^{PF} 值范围分别是 11～19 J/mol 和 0～10 J/mol。此外，需要强调的是，虽然因各种不确定因素的存在而无法精确获得 ΔG_m^{PF} 值，但与界面处化学驱动力相比，相间析出

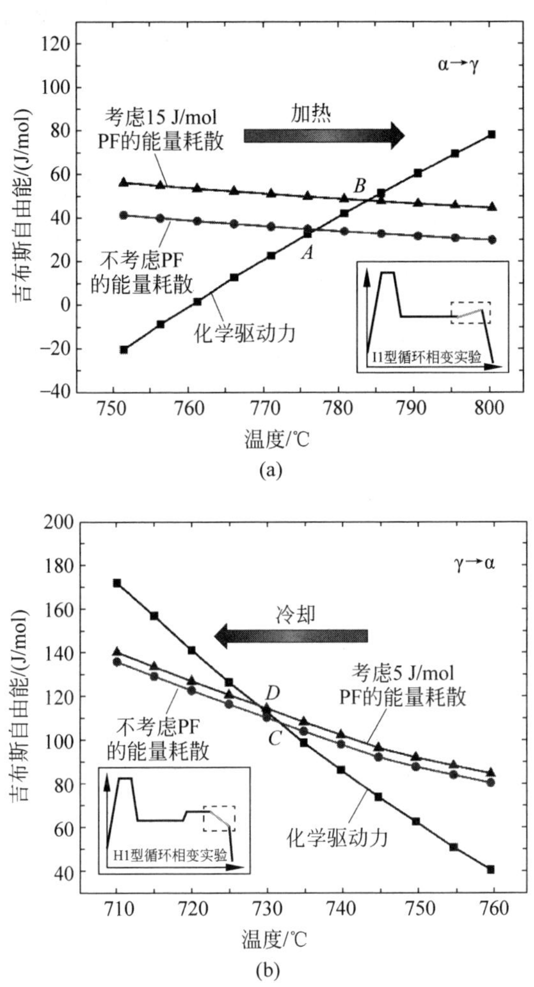

图 3.12 零界面移动速率下化学驱动力与能量耗散值随温度的变化关系

(a) α→γ；(b) γ→α

NbC 的钉扎效果显然很弱，否则在实验上将很容易捕捉到 PNTT 温度之后的相变停滞阶段。

事实上，碳化物的相间析出行为与界面晶体学性质密切相关。目前已有实验证实，相间析出倾向在 non K-S 界面处发生，而被显著抑制于 K-S 界面[108]。考虑到 non K-S 界面的本征迁移率远比 K-S 界面大（见第 2 章），我们有理由相信，循环相变过程中膨胀曲线偏离线性的结果主要源于 non K-S 界面迁移所诱导的铁素体（或奥氏体）生长，而与 K-S 界面迁移无关。因此，本工作中，ΔG_m^{PF} 是一个反映非共格界面与相间析出碳化物之间交互作用强弱的平均参数。

3.4.2 相变方向对钉扎力的影响

钉扎力对相变方向的依赖性可能与以下几个因素有关。

(1) 碳化物与基体间的共格性。通常，B1 结构的碳化物与铁素体基体形成共格(或半共格)界面，两者多呈 Baker-Nutting(B-N)的位向关系[81,135]，此时界面能较低，利于碳化物形核。然而，在 α→γ 相变过程中，一旦界面扫过铁素体内的共格碳化物阵列(见图 3.1(b)-Ⅱ)，碳化物与基体的界面共格性将会消失。在随后的 γ→α 转变过程中，当界面回迁再次扫过这些非共格碳化物时，碳化物的钉扎效果将会发生改变(见图 3.1(b)-Ⅲ)。根据 Yang 和 Enomoto 的理论计算[136-137]可知，NbC 与奥氏体在 Cube-Cube 位向关系下的(001)面界面能(约 3 J/m^2)要大于其与铁素体在 B-N 关系下的界面能(约 1.8 J/m^2)。因此，当低能 NbC/α 界面被高能非共格界面取代后，体系总能量将会升高，从而需要更大的化学驱动力来驱使界面迁移。换句话说，共格碳化物比非共格碳化物能更有效地钉扎界面，这可能是导致 ΔG_m^{PF} 值在 α→γ 相变时比 γ→α 相变时要大的原因之一。基于 Zener 钉扎理论，人们在析出相与晶界的交互作用问题上也得出过类似结论[128,138]。

(2) 在 α→γ 相变过程中，界面铁素体一侧的碳化物阵列可能因界面扩散和体扩散而发生粗化，使它对随后 γ→α 相变过程中移动界面的钉扎效果减弱。为了验证该点，人们先想到对 H2 型循环相变第二次淬火后的试样进行观察。然而，由于奥氏体在淬火过程中无法保留至室温，这使得在高密度位错的马氏体中捕捉弥散细小碳化物变得尤为困难，即便采用 TEM 暗场技术也因界面附近极其微弱的衍射花样而难以点亮析出相。为此，本章提出了一种通过观察 H1 型热处理试样来间接证明碳化物粗化的方法，其优势有二：①在最终的冷却过程中，界面向奥氏体一侧回迁，残留在先前奥氏体中的碳化物将再次暴露在铁素体中，从而便于对碳化物进行观察；②发生在 680～729℃的相变时间较短(约为 5 min)，因此可忽略暴露在新形成铁素体中的碳化物粗化，使对比更为合理。图 3.13 给出了 H1 型循环热处理后 α/γ 界面附近的碳化物分布。可见在 γ→α 转变过程中，碳化物在界面附近明显长大，其尺寸由原先的 6 nm 增大至(9.4±2.1)nm。由此推断，α→γ 相变过程中碳化物的粗化是导致 ΔG_m^{PF} 值降低的另一个重要原因。

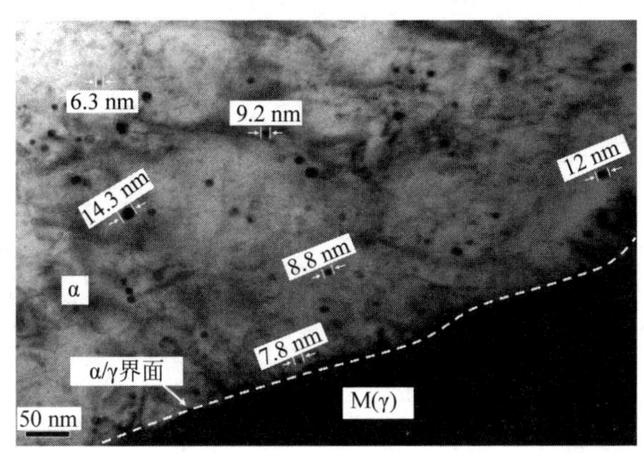

图 3.13 H1 型循环热处理后 α/γ 界面附近的碳化物分布

(3) 碳化物体积分数变化。由于碳化物在奥氏体中的固溶度比铁素体中的大，且相变温度又高，因此 NbC 可能会在界面回迁进入奥氏体时发生部分溶解。然而，根据热力学计算发现，当温度从 700℃ 升高至 790℃ 后，NbC 的平衡体积分数几乎不变(0.116%→0.113%)，这定性说明了碳化物在循环相变过程中很难被溶解，故其体积分数变化不是引起钉扎效果减弱的主要原因。

3.4.3 与经典 Zener 及其改进模型作对比

经典 Zener 钉扎模型已被广泛用于分析再结晶过程中析出相与晶界的交互作用，但其是否同样适用于粒子对相界面的钉扎问题目前尚不可知。本工作结合实验和理论首次推导出 ΔG_m^{PF} 值，并将它与经典 Zener 模型的预测值作对比。事实上，Zener 在推导原始钉扎力公式时作了不少假设，而这些假设常常与实际情况相差甚远，于是后人为了提高其普适性，对经典方程作了多次改进，常见的几种表达式已在表 3.3 中列出，其中 f 是相间析出碳化物的体积分数(0.11%，由 Thermo-Calc 计算所得)，V_m 是基体的摩尔体积(7×10^{-6} m^3/mol)，σ 是 α/γ 界面的界面能(以典型非共格界面为例，通常取 0.8 J/m^2[139])，r 是 NbC 半径(约为 3 nm，由 TEM 统计得到)。将上述数据代入表 3.3 中的每个公式可得，由钉扎力引起的最大能量耗散值在 1~13 J/mol 的范围内，这与本工作得出的 ΔG_m^{PF} 值同处一个数量级。该结果揭示了经典 Zener 钉扎理论不局限于分析碳化物与晶界的交互作用问题，在碳化物对相界面的钉扎力估算方面也具有可期的应用前景。

表 3.3　基于不同假设改进的 Zener 公式及其对应的能量耗散值

文　　献	公式($\Delta G_z^{max}=$)	特　　征	能量耗散/(J/mol)
Zener-Smith[125]	$3f_\gamma V_m/4r$	Zener 原始公式,考虑单位界面处的析出相数量为 $3f/4\pi r^2$	1.5
Gladman[126]	$3f_\gamma V_m/2r$	考虑单位界面处的析出相数量为 $3f/2\pi r^2$	3.1
Nes 等[128] Hazzledine[140]	$9f_\gamma V_m/8r$	将析出相视为抽象点,界面在钉扎点之间呈球形帽状向外弓出	2.3
Doherty[138]	$6f_\gamma V_m/r$	考虑共格析出相对界面的钉扎	12.3
Nes 等[128]	$1.3\gamma f^{0.92}V_m/r$	考虑晶界上随机分布的析出相	4.6
Hundert 等[141]	$0.33\gamma f^{0.87}V_m/r$	Louat 效应[142],即考虑界面前沿析出相对移动界面的吸引作用	1.6

此外,为了进一步理解析出相钉扎对晶粒长大及相变的影响,本章作了如下分析:通常,晶界迁移驱动力($\Delta\mu$)源于界面的曲率差,即

$$\Delta\mu = V_m\gamma_b\left(\frac{1}{r_1}+\frac{1}{r_2}\right) \tag{3-9}$$

其中,γ_b 是晶界界面能;r_1 与 r_2 是界面的主曲率半径。为简单起见,假设晶粒形状为球形,将典型金属体系中的 γ_b(约为 1 J/m^2)与 r_1、r_2($r_1=r_2\approx 10\ \mu m$)代入式(3-9)中,可得晶界迁移驱动力约为 1.4 J/mol,该值远小于推导所得的 ΔG_m^{PF} 值,故表明弥散细小析出相对晶粒长大的抑制作用不容忽视。相比之下,对于常见型相变,如全奥氏体向铁素体转变,析出相的钉扎效果将有所不同。图 3.14 给出了用 GEB 模型模拟的 0.1Nb 合金在 700℃等温时的铁素体长大动力学曲线,由图可知,随着 ΔG_m^{PF} 值的不断增加,相变逐渐变缓,表现为相变进入稳态的时间逐渐增加,而铁素体的最终体积分数略有减少(见插图的纵轴)。出现上述结果的原因是碳化物引起的 ΔG_m^{PF} 值往往比固态相变的化学驱动力要小得多,故对界面迁移的影响甚微。这也给出了由钉扎效应导致的相变滞后现象很难于传统等温实验中被捕捉到的原因。

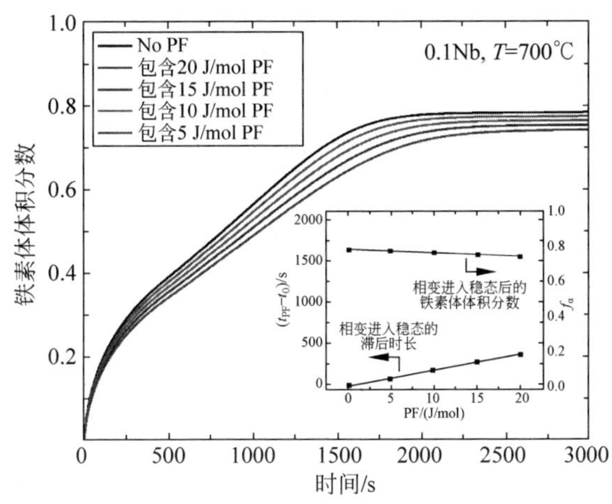

图 3.14　用 GEB 模型模拟的 0.1Nb 合金在 700℃ 等温时的铁素体长大动力学曲线(见文前彩图)

3.5　本章小结

本章通过设计循环相变实验系统研究了移动 α/γ 界面与相间析出 NbC 间的交互作用,并结合 GEB 模型定量估算了其钉扎力。结论如下。

(1) I1 型和 H1 型循环相变结果表明,相间析出 NbC 诱导的钉扎力可延迟相变发生,对应能量耗散值(ΔG_m^{PF})分别为 15 J/mol(α→γ)和 5 J/mol(γ→α),这些值与 H2 型实验得到的钉扎力范围一致。

(2) ΔG_m^{PF} 值本质上由 PNTT 温度与起始相变温度的差值决定。它的精度直接取决于实验上起始相变温度的测量误差。不同相变方向得到的 ΔG_m^{PF} 值差异可能与循环相变过程中碳化物与基体间的界面共格性转变及碳化物粗化有关。

(3) 用经典 Zener 及其改进公式所预测的 ΔG_m^{PF} 值与本工作的推导结果处在同一个数量级,表明经典 Zener 理论在定量分析碳化物与相界面的交互作用方面同样具有可期的应用前景。弥散纳米析出相能显著抑制晶粒长大的原因是 ΔG_m^{PF} 通常与晶界迁移驱动力相当;而其对相变动力学影响甚微的原因可归结于相变的化学驱动力远大于 ΔG_m^{PF}。

第4章 Nb界面偏聚对铁素体长大动力学的影响

4.1 本章引言

向钢中添加微量合金元素 Nb 是工业界调控微观组织的重要方式[143-144]。一方面,Nb 可通过析出 NbC 与向奥氏体晶界偏聚来显著抑制奥氏体再结晶与晶粒长大[145],从而实现后续相变产物的晶粒细化;另一方面,Nb 能显著推迟奥氏体向铁素体或珠光体转变[146],从而大幅增加钢的淬透性,利于工业厚板的成型。

目前,实验上已证实 Nb 对铁素体相变动力学的推迟作用可归因于其对铁素体形核和长大的抑制[35,70,147-149],而后者主要源于 Nb 在 α/γ 界面处的偏聚而诱导的溶质拖曳效应[35,69-70]。作为强碳化物形成元素,Nb 在相变过程中将不可避免地析出 NbC(相间析出),从而改变界面附近的溶质分布,影响界面迁移动力学。阐明合金元素偏聚与析出这一耦合热动力学行为对相变的影响一直是学术界的难点问题,而 Nb 作为同时具有强偏聚性与强碳化物形成倾向的元素,为解开此关键问题提供了契机。

本章将基于界面多尺度表征手段(EBSD、FE-EPMA 及 3DAP),系统研究 Fe-0.1C-(0.03Nb,0.06Nb)两种模型合金在铁素体相变过程中的 α/γ 界面迁移行为。结合溶质拖曳理论深入探讨元素偏聚、能量耗散及界面移动速率间的物理关系,同时对相间析出造成的各类影响作出说明。

4.2 实验方法

4.2.1 材料及热处理

实验合金采用 Fe-0.1C-(0,0.03,0.06)Nb,下文简称 Base、0.03Nb 和 0.06Nb,其中 Base 合金的信息见 2.2 节。实验钢锭由真空感应熔炼得到,经热轧至约 14 mm 终厚。为了消除 Nb 在凝固过程中的显微偏析，将合金封管后放入充有氩气的氧化铝陶瓷管中进行均匀化处理。在 1300℃ 等温 6 h 后，条带状组织完全消失。

本实验中，两种含 Nb 合金的原奥氏体晶粒尺寸接近（0.03Nb，491 μm；0.06Nb，528 μm），因此无须再对奥氏体化制度进行调整。具体热处理工艺见图 2.1。表 4.1 和表 4.2 分别列出了合金的实际化学成分及其特征热力学温度（注意：表 4.1 中括号内的 C 浓度源于奥氏体化后直接淬火得到的全马氏体试样。由于长时间高温奥氏体化及样品本身厚度较薄，试样发生了部分脱碳，因此其实际基体 C 浓度要低于原始热轧板的 C 浓度）。

表 4.1　实验用钢的化学成分（以质量计）　　单位：%

合金	C	Mn	Si	Nb	P	S	N
0.03Nb	0.110(0.075)	<0.03	<0.01	**0.035**	0.003	0.001	0.0012
0.06Nb	0.110(0.076)	<0.03	<0.01	**0.061**	0.002	0.001	0.0011

表 4.2　实验用钢的特征温度　　单位：℃

合　金	A_{e3}	Para-A_{e3}	NPLE/PLE	Nb(C,N)在 γ 中的溶解温度
0.03Nb	870	869	869	1116
0.06Nb	872	870	870	1176

4.2.2　实验表征

OM、SEM-EBSD 及 FE-EPMA 的测试方法见 2.2 节。本节将重点介绍 TEM 观察相间析出及 3DAP 测量元素偏聚的方法。

1. TEM 样品制备及观察

本实验首先用双束扫描电镜中的聚焦离子束（FIB，型号：FEI Quanta200 3D or Versa 3D）切出薄片样品（注意：由于相间析出大多平行于移动的 non K-S α/γ 界面，因此 FIB 切的方向应尽量垂直于界面，如图 4.1(a)所示），并将其取出固定在 Mo 网上（见图 4.1(b)）。用 30 kV 电压下的 FIB 将 TEM 试样厚度减薄至 100 nm 以下，然后将电压调至 5 kV，对试样表面精细减薄以去除损伤层。图 4.1(c)给出了 TEM 视场下的 FIB 样品形貌。观察所用的透射电镜型号为 JEM-2100(HC)，电压为 200 kV。为了便于 NbC 的暗场分析，通常将入射电子束方向调整至$[001]_{\alpha}$，这是因为此时与铁素体呈 B-N 关系的 3 个变体均会出现，如图 4.2 所示。由于 V3 变体的衍射花样与铁素体基体的衍射花样重合，因此只有 V1 与 V2 变体的衍射花样可用于暗场像拍摄，且通常只套用$\{002\}_{NbC}$的衍射斑。值得注意的是，除了$\langle 001\rangle_{\alpha}$带轴外，其他含有$\{002\}_{NbC}$衍射斑的低指数带轴（如$\langle 011\rangle_{\alpha}$、$\langle 012\rangle_{\alpha}$）也可用于 NbC 的暗场分析。

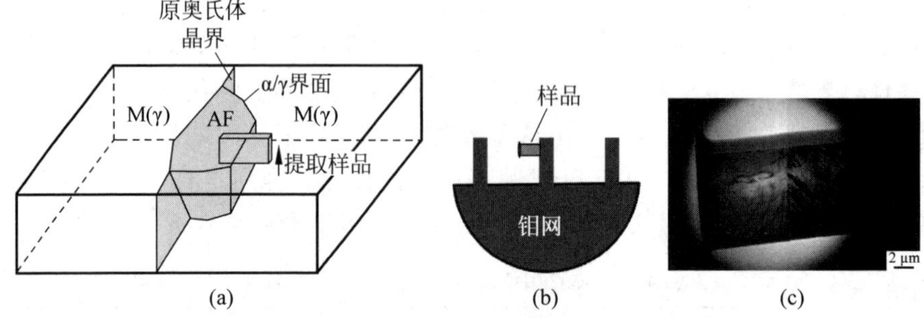

图 4.1　用 FIB 制备 TEM 样品的流程

(a) 从移动 α/γ 界面一侧提取试样；(b) 将其置于 Mo 网上；(c) TEM 视场下的 FIB 样品形貌

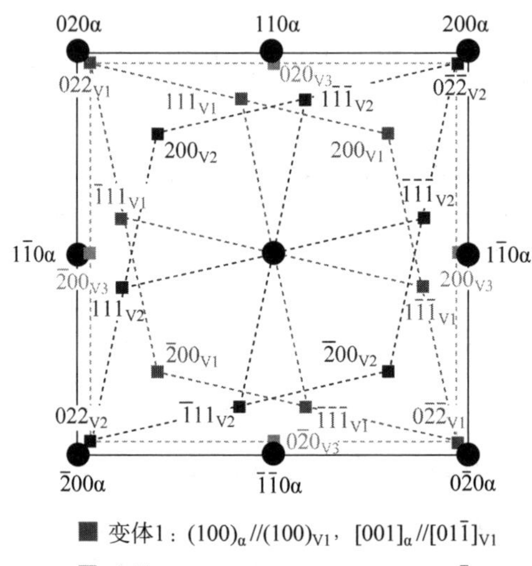

图 4.2　铁素体基体与 NbC 在 B-N 位向关系下的衍射花样图（见文前彩图）

入射电子束方向为$[001]_{\alpha}$

2. 3DAP 样品制备及测试

图 4.3 给出了用 FIB 微纳加工方法制备 3DAP 针状样品的加工流程：首先选取一个已知共格的感兴趣界面，在上面沉积 Pt 加以保护，其次用

FIB 清除界面周围的基体，然后取出界面，将其固定于 Si 基台上(此处用 C 沉积)，最后将其削成尖端曲率半径小于 100 nm 的针形试样用于 3DAP 测试。本工作使用的 3DAP 设备型号为 CAMECA，LEAP 4000HR。探测速率、脉冲比及脉冲率分别为 1%、20%和 200 kHz。为了提高测量精度，不同测试温度下的 Nb、C 浓度需得到进一步分析，并与实际基体成分作对比，如图 4.4 所示。结果表明，80 K 是该合金体系的合适测试温度。

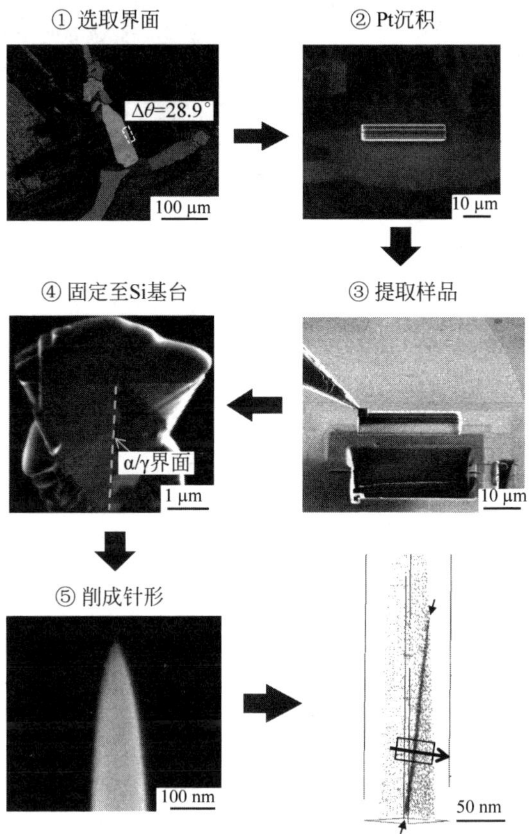

图 4.3　用 FIB 制备 3DAP 试样的加工流程

本节使用 IVAS 3.6 版本软件对测试结果进行重构和分析。表 4.3 列出了分析 3DAP 数据时所使用元素的质荷比，对应谱图见图 4.5。本工作中，Nb 的偏聚量用“界面过剩值”(interfacial excess，Γ_{Nb}(atom/nm^2))来评估，其表示单位面积上溶质原子的富集量可由式(4-1)描述：

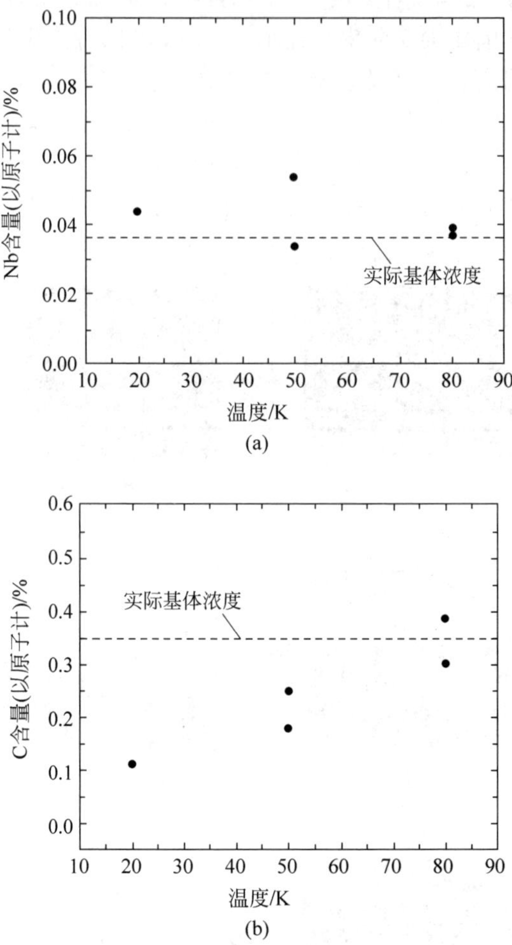

图 4.4 3DAP 测试温度对 Nb、C 浓度的影响

以 0.06Nb 合金为例

$$\Gamma_{\mathrm{Nb}} = \Delta \frac{A}{V_{\mathrm{m}}} \tag{4-1}$$

其中，Δ 表示溶质原子在 α/γ 界面内的累计量，对应图 4.6(a)中深灰色区域的积分面积，计算方法见图 4.6(b)；A 是阿伏伽德罗常数(6.02×10^{23} atom/mol)；V_{m} 是摩尔体积($7.09\times10^{-6}\ \mathrm{m}^3/\mathrm{mol}$)；$A/V_{\mathrm{m}}$ 代表单个铁原子的体积(值为 $0.0118\ \mathrm{nm}^3/\mathrm{atom}$)。

表 4.3　分析 3DAP 数据所使用的各元素质荷比

元　　素	质荷比(mass-to-charge ratio)
Fe	Fe^{3+}(18.6),Fe^{2+}(27,28,28.5,29),Fe^{+}(56)
C	C^{2+}(6,6.5),C^{+}(12,13),CCC^{2+}(18,18.5),CC^{+}(24,25),$CCCC^{2+}$(24.5),CCC^{+}(36)
Nb	Nb^{3+}(31),Nb^{2+}(46.5)
NbN	NbN^{3+}(35.6),NbN^{2+}(53.5)
NbO	NbO^{3+}(36.3),NbO^{2+}(54.5)
P	P^{3+}(10.3),P^{2+}(15.5)
Al	Al^{2+}(13.5)
O	O^{+}(16)
N	N^{+}(14)
Ga	Ga^{+}(69),Ga^{2+}(34.5)(来自 FIB 加工)

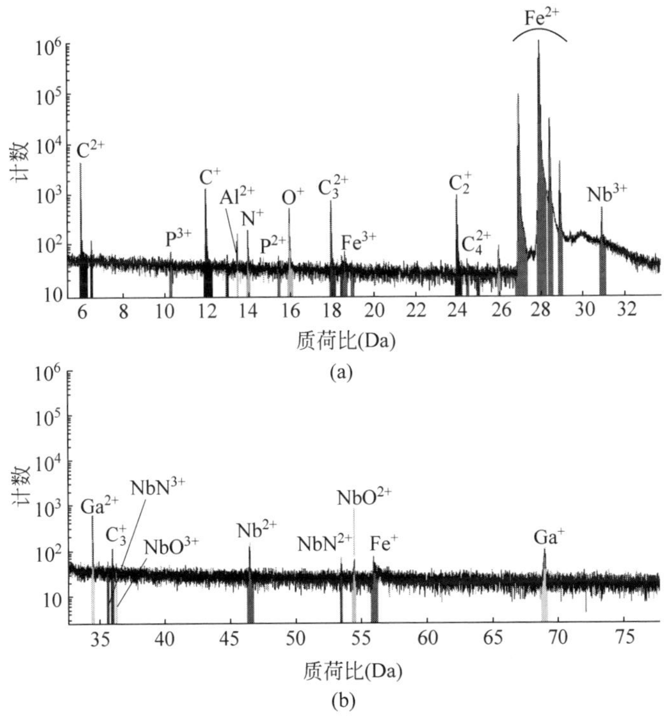

图 4.5　3DAP 测量时所检测到的元素质荷比谱图

以 0.06Nb 合金为例

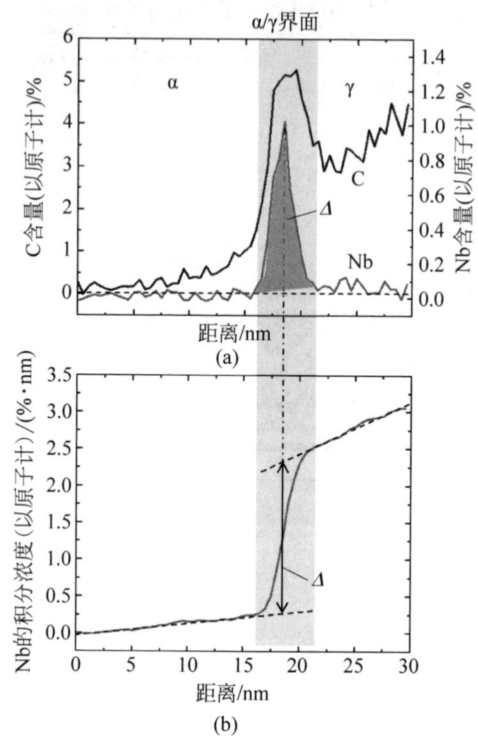

图 4.6　评估 3DAP 测量元素界面偏聚的方法

(a) α/γ 界面处的 C、Nb 浓度分布；(b) 通过积分浓度来估算 Nb 界面富集量

4.3　实验结果

4.3.1　相变动力学及组织演变

4.3.1.1　不同温度下的相变动力学及组织演变

1) 825℃

图 4.7(a)为 Base、0.03Nb 和 0.06Nb 3 种合金在 825℃等温时的相变动力学曲线。图中 Ortho 线是指无碳化物析出条件下，奥氏体中 C 富集量达到正平衡时所对应的铁素体含量，对应约 74%的转变体积分数。由于 Base 合金的 Ortho 线与含 Nb 合金的 Ortho、PE 及 NPLE 线极为接近，因此图 4.7(a)中仅画出了 0.06Nb 合金的 Ortho 线(图 4.8(a)和图 4.9(a)

亦是如此)。

由图 4.7(a)可见,Base 合金的转变速率最快,30 s 时已有约 20%的奥氏体发生了转变,而添加 Nb 后相变动力学被显著抑制,尤其是在相变初期。当相变体积分数接近 Ortho 线时,3 种合金的相变动力学未见减缓趋势,这可能与试样在高温盐浴中长时间保温而导致部分脱碳有关。

图 4.7(b)~(g)为 3 种合金在 825℃等温生成的显微组织。由图 4.7(b)可见,Base 合金等温 30 s 后生成了两种形貌的铁素体组织,一种为沿着原奥氏体晶界析出的仿晶界铁素体,另一种为针状铁素体(也称魏氏体铁素体)。相比之下,两种含 Nb 合金在整个相变阶段只有仿晶界铁素体生成(见图 4.7(d)~(g))。随着等温时间的延长,3 种合金的铁素体体积分数不断增大。

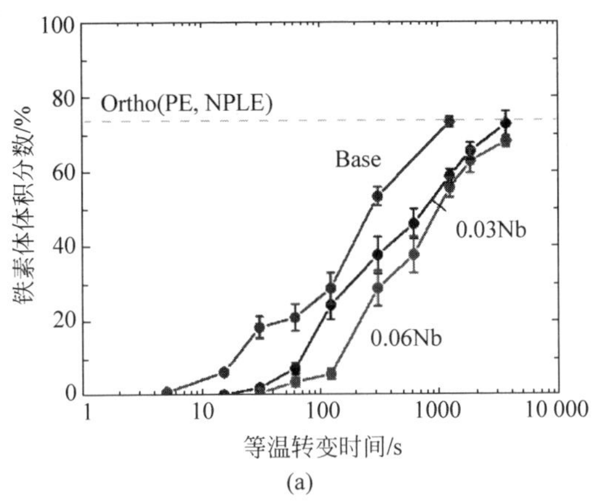

(a)

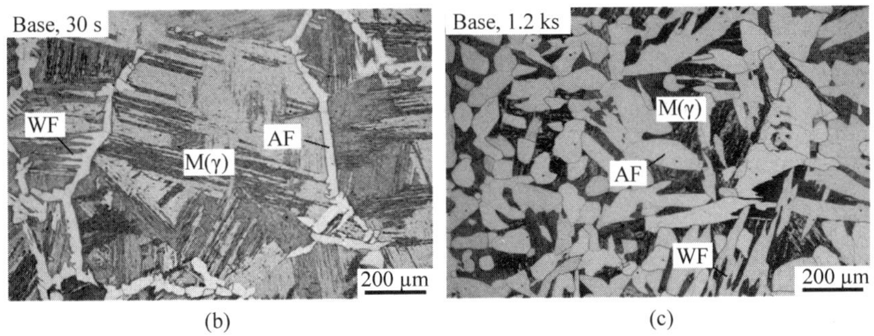

(b) (c)

图 4.7 Base、0.03Nb 和 0.06Nb 合金在 825℃的等温转变动力学及显微组织

AF:仿晶界铁素体;WF:魏氏体铁素体,M(γ):马氏体(原奥氏体)

(a) 相变动力学曲线;(b)~(g)不同保温时间的 OM 照片

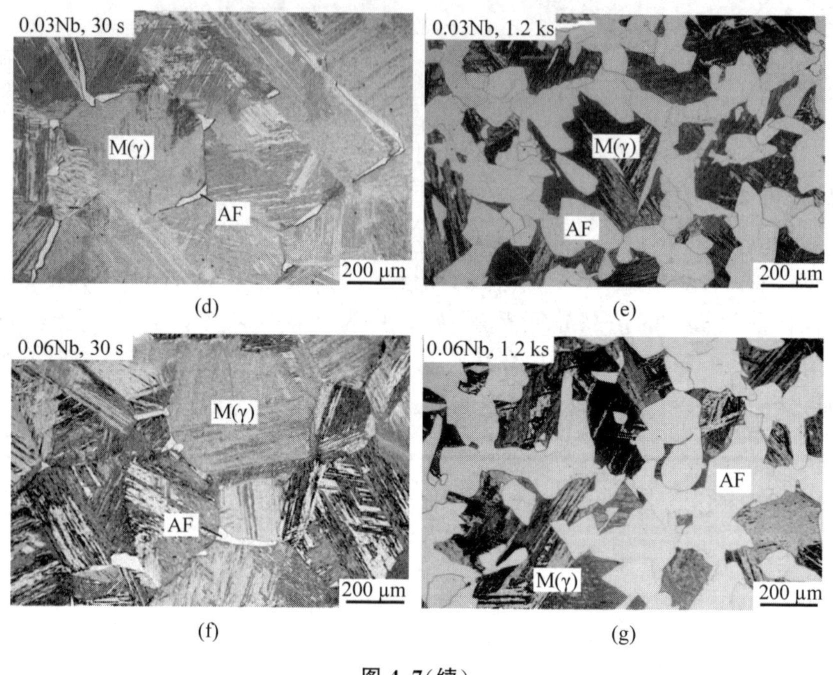

(d)　(e)

(f)　(g)

图 4.7(续)

2）800℃

图 4.8(a)为 3 种合金在 800℃等温时的转变动力学曲线。由于温度降低，各合金的 Ortho 线升高至 82%的转变体积分数。与 825℃等温时相比，

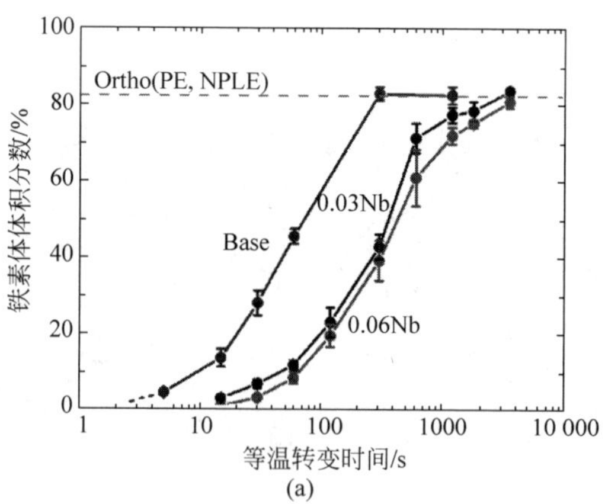

(a)

图 4.8　Base、0.03Nb 和 0.06Nb 合金在 800℃ 的等温转变动力学及显微组织

AF：仿晶界铁素体；WF：魏氏体铁素体，M(γ)：马氏体(原奥氏体)

(a) 相变动力学曲线；(b)～(g) 不同保温时间的 OM 照片

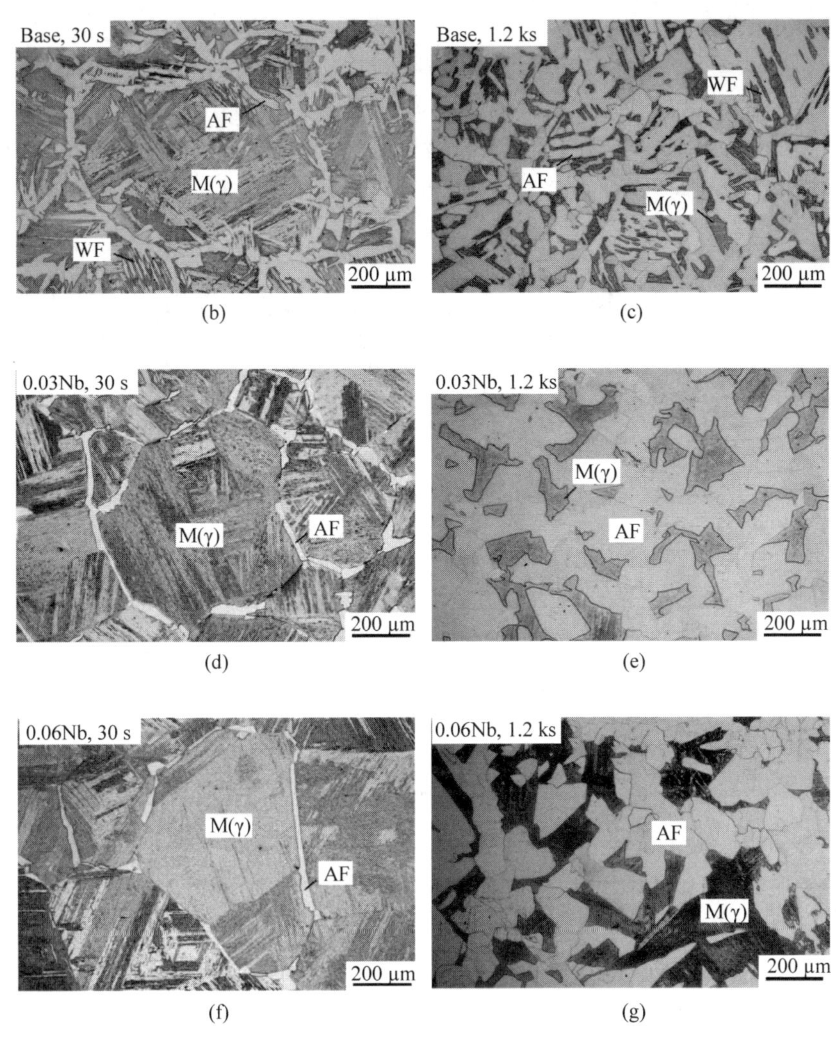

图 4.8(续)

3 种合金的转变动力学均有所加快，其中 Base 合金在等温 120 s 后就已达到平衡体积分数，此时相变进入准稳态阶段，而两种含 Nb 合金则在 900 s 附近突然减速，并逐渐向 Ortho 线靠近。此外，在该温度下，Nb 添加量对相变动力学的影响并不显著。

图 4.8(b)～(g)为 3 种合金在 800℃等温生成的显微组织。与 825℃等温时类似，Base 合金在相变初期就已生成了晶界铁素体与魏氏体铁素体，后者的占比有所增加，但其依旧被抑制于含 Nb 合金中。

3) 750℃

图 4.9 为 3 种合金在 750℃等温时的转变动力学曲线。因温度进一步下降，三种合金的 Ortho 线升高至 90%的铁素体体积分数，且相变速率显著增大。Base 合金在仅等温 30 s 后就已进入准稳态阶段，而含 Nb 合金进入准稳态的时间则由 800℃的 900 s 缩短至约 300 s。此外，0.06Nb 合金的转变动力学略慢于 0.03Nb 合金。

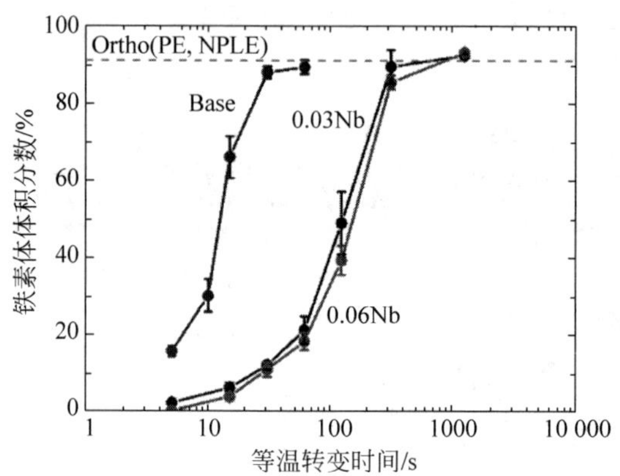

图 4.9 Base、0.03Nb 和 0.06Nb 合金在 750℃的等温转变动力学曲线

图 4.10～图 4.12 分别给出了 3 种合金在 750℃下等温生成的显微组织。在 Base 合金中，随着温度的下降，魏氏体铁素体的形成被明显促进(见图 4.10(a))，甚至在相变中后期已无法辨认出仿晶界铁素体(见图 4.10(c)和(e))。对于 0.03Nb 合金，其在相变中后期也出现了针状铁素体(见图 4.11(d)～(f))，而在 0.06Nb 合金中则依然以仿晶界铁素体为主(见图 4.12(a)～(f))，再次表明添加 Nb 能显著抑制魏氏体铁素体的生成。

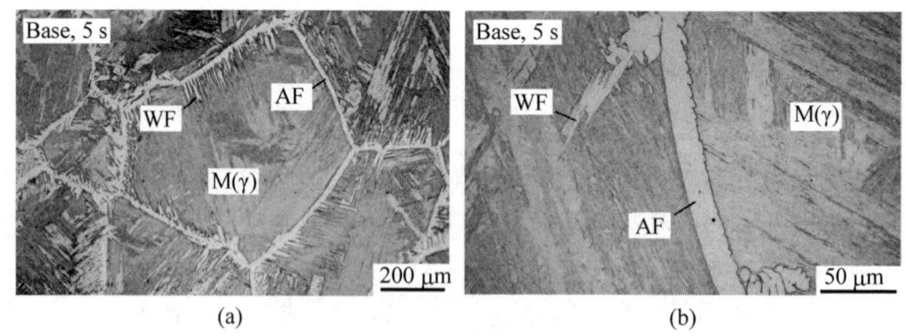

(a) (b)

图 4.10 Base 合金在 750℃等温转变时的 OM 组织照片

AF：仿晶界铁素体；WF：魏氏体铁素体；M(γ)：马氏体(原奥氏体)

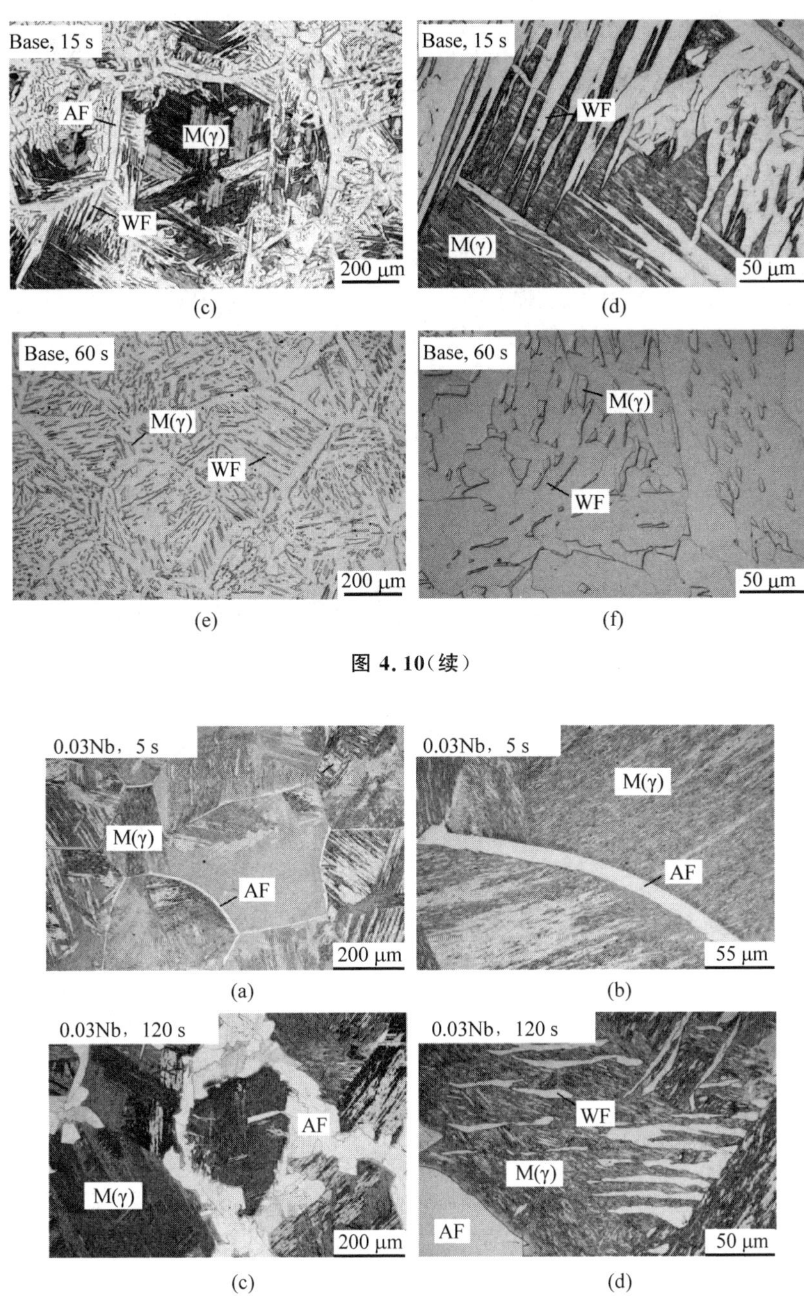

图 4.10（续）

图 4.11　0.03Nb 合金在 750℃ 等温转变时的 OM 组织照片

AF：仿晶界铁素体；WF：魏氏体铁素体；M(γ)：马氏体(原奥氏体)

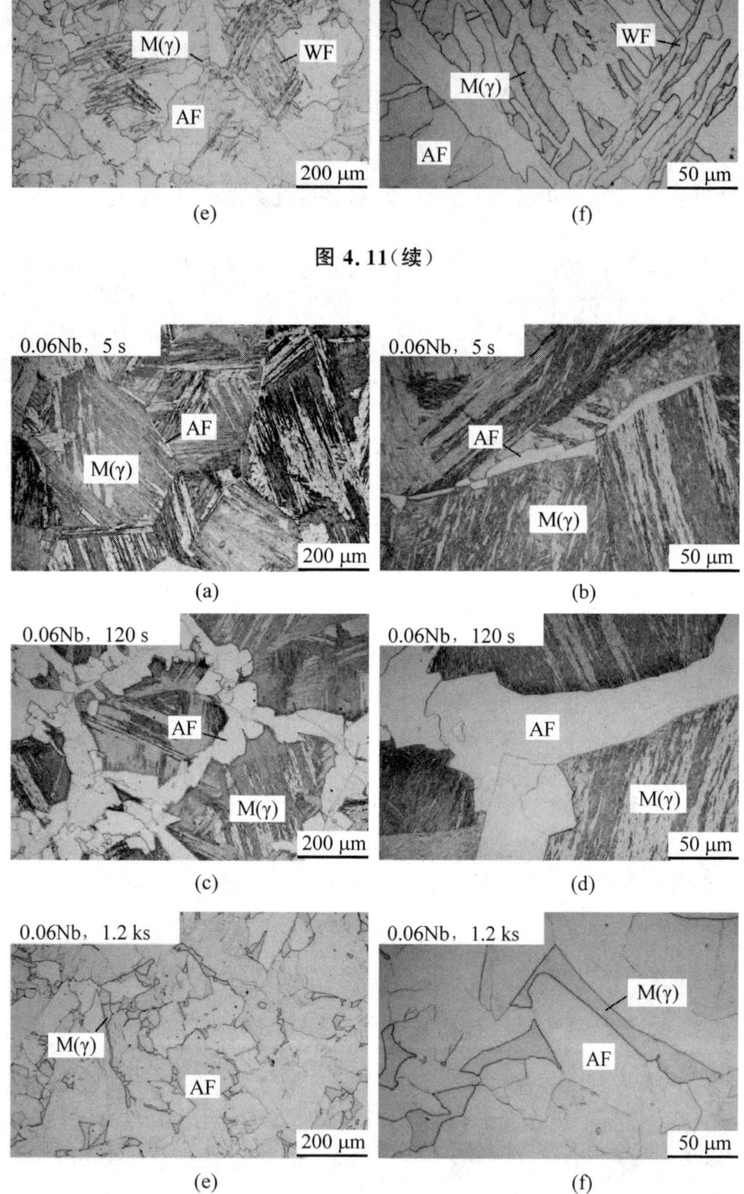

图 4.11(续)

图 4.12　0.06Nb 合金在 750℃ 等温转变时的 OM 组织照片

AF：仿晶界铁素体；WF：魏氏体铁素体；M(γ)：马氏体(原奥氏体)

图 4.13 给出了 3 种合金转变 5%奥氏体的 TTT 曲线图。结果显示，0.03Nb 的添加能显著推迟铁素体相变，且推迟作用随着相变温度的降低而增强。相比之下，进一步提高基体 Nb 含量对相变的影响作用较小。此外，3 种合金的铁素体相变均随等温温度的降低而显著加快，尤其是 Base 合金，因低温下大量魏氏体铁素体的形成而难以确定转变量达到 5%时所对应的相变时间。

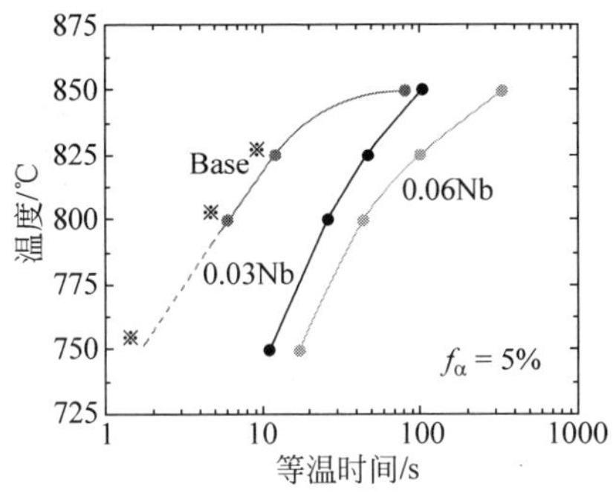

图 4.13　Base、0.03Nb 和 0.06Nb 合金的 TTT 曲线图

※代表相变过程中有魏氏体铁素体生成

4.3.1.2　铁素体长大动力学

事实上，相变动力学曲线是新相形核与长大的综合反映，而本书绪论中已提到，Nb 添加会同时抑制上述两个过程，因此有必要对铁素体生长行为进行单独分析，以便阐明 Nb 对 α/γ 界面迁移动力学的影响。

图 4.14 给出了 3 种合金在不同温度等温时晶界铁素体的半厚度平方(d^2)随等温时间(t)的变化关系。假设铁素体生长近似遵循抛物线长大规律，并忽略形核孕育期的影响，我们可通过线性拟合 d^2 与 t 来得到抛物线长大系数(见式(2-6))。由图 4.14 可知，随着等温温度的降低，各合金的铁素体长大动力学逐渐加快，而 Nb 的添加在任何温度下均能显著抑制铁素体生长。相比之下，Nb 含量对铁素体长大的影响似乎与温度有关，即在高温下(见图 4.14(a))，0.06Nb 合金表现出比 0.03Nb 合金更慢的生长速率，而这种差异在中温阶段被显著减小(见图 4.14(b)和(c))，当温度进一步下降时，0.06Nb 合金再次表现出了较低的长大速率(见图 4.14(d))。造成这种非线性变化结果的原因目前尚不明确，推测可能与 NbC 的相间析出有关。根据 Sakuma 等的实验结果[106]，相间析出动力学与相变温度密切相关，即在高温和低温阶段相间析出会被显著抑制，而在中温阶段则表现出极

快的形成速率。相间析出与温度的这种依赖关系直接决定了基体中剩余的固溶 Nb 含量，从而影响溶质拖曳效应，间接影响铁素体长大，但上述推测目前尚未得到证实，还有待做进一步研究。

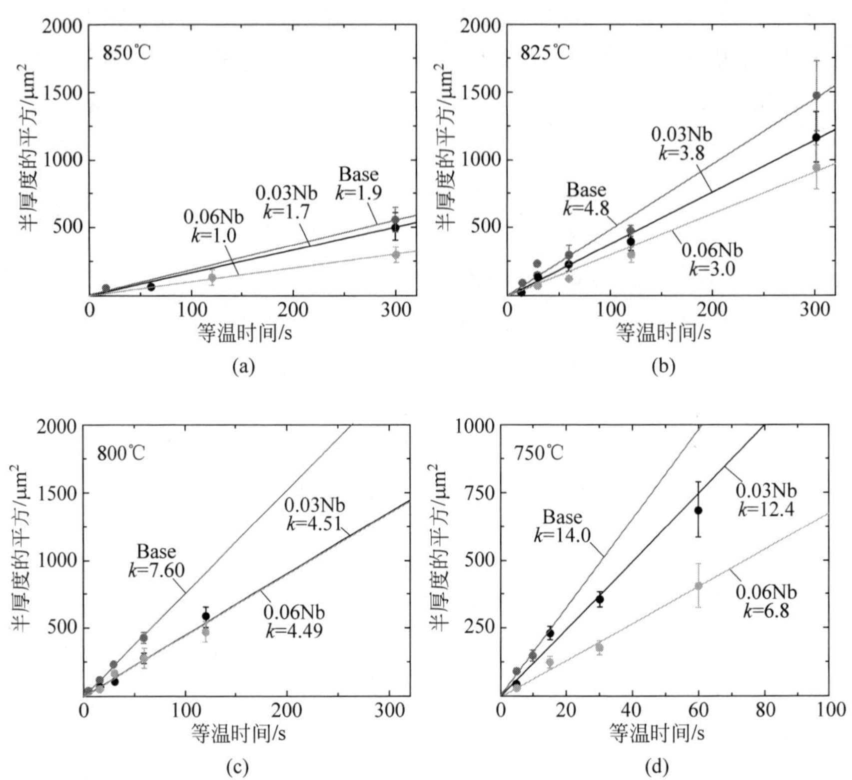

图 4.14　Base、0.03Nb 和 0.06Nb 合金在不同温度下的铁素体生长动力学

(a) 850℃；(b) 825℃；(c) 800℃；(d) 750℃

4.3.2　α/γ 界面的晶体学分析

已有实验表明，α/γ 界面的晶体学性质对相间析出、元素偏聚等诸多相变行为均有显著影响，因此有必要对 3 种合金的界面性质进行分析，以阐明 Nb 添加和相变温度对 α/γ 位向关系及界面迁移行为的影响。

图 4.15 给出了 Base 合金和 0.06Nb 合金在 825℃与 750℃等温转变后的铁素体方位，图中“○”和“×”分别表示铁素体与接壤奥氏体呈 K-S 或 non K-S 位向关系，区分依据同第 2 章。由图 4.15(a)和(b)可知，大部分铁素体与至少一侧接壤的奥氏体呈 K-S 位向关系，并倾向朝 non K-S 一侧生

长。随着温度的下降，魏氏体铁素体成为 Base 合金的主要相变产物（见图 4.15(c)），而 0.06Nb 合金中的铁素体长大行为与高温时的行为类似（见图 4.15(d)）。考虑到魏氏体铁素体与周围奥氏体始终保持 K-S 位向关系，因此可认为，Base 合金在 750℃时的铁素体生长主要由 K-S 界面的迁移来完成。相比之下，0.06Nb 合金中的 K-S 界面几乎不动，因此其相变依然由 non K-S 界面的迁移来主导。

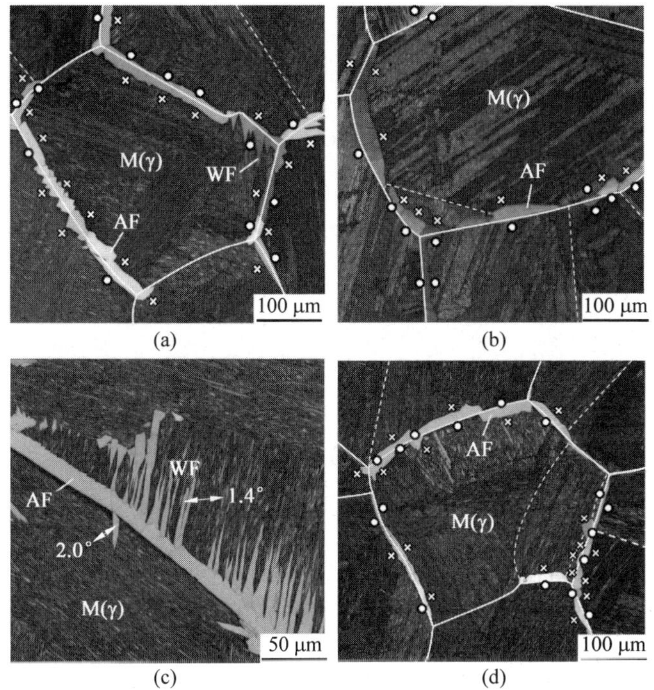

图 4.15 Base 和 0.06Nb 合金在不同温度下等温转变后的铁素体方位图

(a) Base，825℃，15 s；(b) 0.06Nb，825℃，120 s；(c) Base，750℃，5 s；(d) 0.06Nb，750℃，15 s

图 4.16 分析了两种合金在不同温度下晶界铁素体与两侧奥氏体的位向关系。如图 4.16(a)所示，定义晶界铁素体与其中一侧奥氏体偏离理想 K-S 位向关系的角度为 $\Delta\theta_1$，另一侧为 $\Delta\theta_2$，且 $\Delta\theta_1<\Delta\theta_2$。根据图 4.16(b)～(d)的统计结果，表 4.4 总结了与周围至少一侧奥氏体呈 K-S 位向关系（$\Delta\theta_1<5°$），以及与两侧奥氏体均呈 K-S 位向关系（$\Delta\theta_2<5°$）的铁素体数目①。结果表明，前者约占各合金中所分析铁素体总数的 80%，远远大于后

① 受到大量魏氏体铁素体生成的影响，此处未分析 Base 合金在 750℃时的晶界铁素体数据。

者所占的比例。此外,实验未发现 Nb 添加及温度下降对上述位向关系有显著影响。

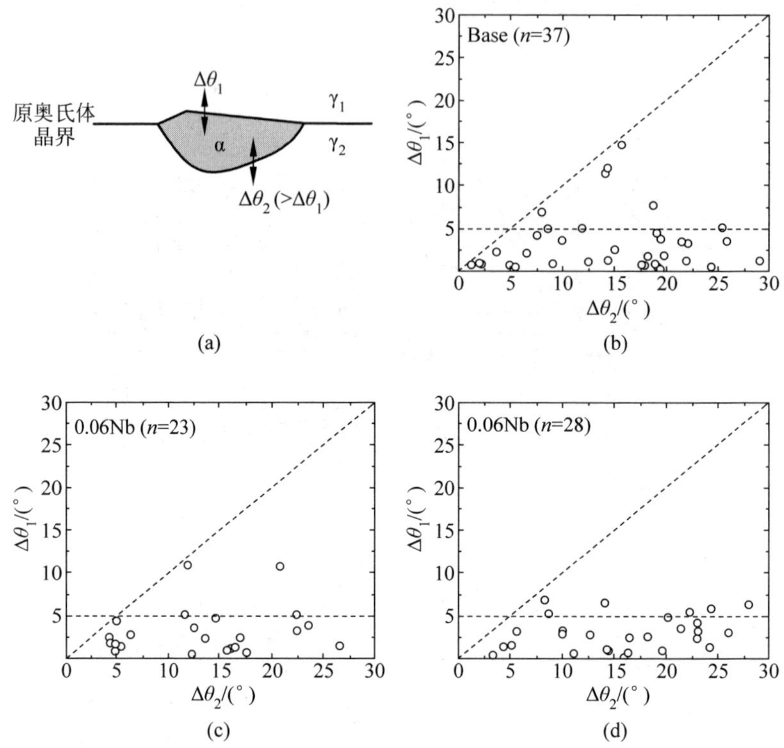

图 4.16　Base 和 0.06Nb 合金在不同温度下晶界铁素体与两侧奥氏体的位向关系

n 代表所分析铁素体晶粒的数量

(a) 定义晶界铁素体与两侧奥氏体偏离理想 K-S 位向关系角的示意图;

(b) Base,825℃;(c) 0.06Nb,825℃;(d)0.06Nb,750℃

表 4.4　与接壤奥氏体呈 K-S 位向关系的晶界铁素体比例

合　　金	比例/%	
	$\Delta\theta_1<5°$	$\Delta\theta_2<5°$
Base,825℃($n=37$)	78±7	14±6
0.06Nb,825℃($n=23$)	83±8	17±8
0.06Nb,750℃($n=28$)	75±8	7±5

注:标准偏差 $\sigma=\sqrt{p(1-p)/n}$,其中 p 为某事件在 n 次独立实验中成功的概率,n 代表所分析铁素体晶粒的数量。

表 4.5 给出了两种合金在不同温度下可移动界面数量的比例。显然，无论是在哪种合金还是在哪个相变温度下，几乎所有的 non K-S 界面均能迁移，而可移动 K-S 界面的数量则相对较少。在 825℃时，两种合金中约只有 50%的 K-S 界面可迁移；而当温度降至 750℃后，0.06Nb 合金中的可移动 K-S 界面数量明显减少，表明 K-S 界面在低温的可移动性变差。这个结果似乎与 Base 合金在低温时能生成大量魏氏体铁素体的结果相反，后者相变的完成主要依赖 K-S 界面的迁移。

表 4.5　晶界铁素体中可移动界面数量的比例

合　金	（可移动界面数量/总界面数量）/%	
	K-S（$\Delta\theta<5°$）	**non K-S（$\Delta\theta>5°$）**
Base，825℃	$49\pm8(n=37)$	$95\pm3(n=44)$
0.06Nb，825℃	$50\pm10(n=26)$	$88\pm7(n=24)$
0.06Nb，750℃	$20\pm8(n=25)$	$94\pm4(n=33)$

注：标准偏差 $\sigma=\sqrt{p(1-P)/n}$，其中 p 为某事件在 n 次独立实验中成功的概率，n 代表所分析 K-S 或 non K-S 界面的数量。

4.3.3　NbC 的相间析出

为了讨论 NbC 相间析出对 Nb 界面偏聚与铁素体长大的影响，我们有必要从实验上证实相间析出是否发生并确定其组织参数。根据前人的研究结果[108]，相间析出倾向在移动的 non K-S 界面内形成，而被显著抑制于 K-S 界面，因此接下来 TEM 分析的重点对象为 non K-S 界面一侧的铁素体。

以 0.03Nb 合计为例，图 4.17～图 4.19 分别给出了该合金在 825℃、800℃及 750℃等温 30 s 后的 TEM 表征结果（所选界面均为 non K-S 界面，其 $\Delta\theta$ 值由 EBSD 事先确定）。图 4.17(b)、图 4.18(b)和图 4.19(b)的暗场像分析表明，NbC 以典型片状排列特征分布于铁素体基体内，且与移动 α/γ 界面保持平行，从而证实了相间析出的发生。但遗憾的是，对应明场像中的相间析出衬度较为微弱（见图 4.17(a)、图 4.18(a)和图 4.19(a)），难以辨识。此外，选区电子衍射分析表明，NbC 与铁素体基体在不同温度下均呈 B-N 的位向关系（见图 4.17(f)、图 4.18(f)和图 4.19(f)），而衍射花样中的多余斑点（见图 4.17(e)、图 4.18(e)和图 4.19(e)）可能源于样品表面的氧化层及铁素体或氧化物的二次衍射[150]。

相间析出的组织参数（如尺寸、片间距）对接下来估算 NbC 的钉扎力具有重要意义。通常，因晶体学位向关系的约束，B1 结构析出相在三维空间

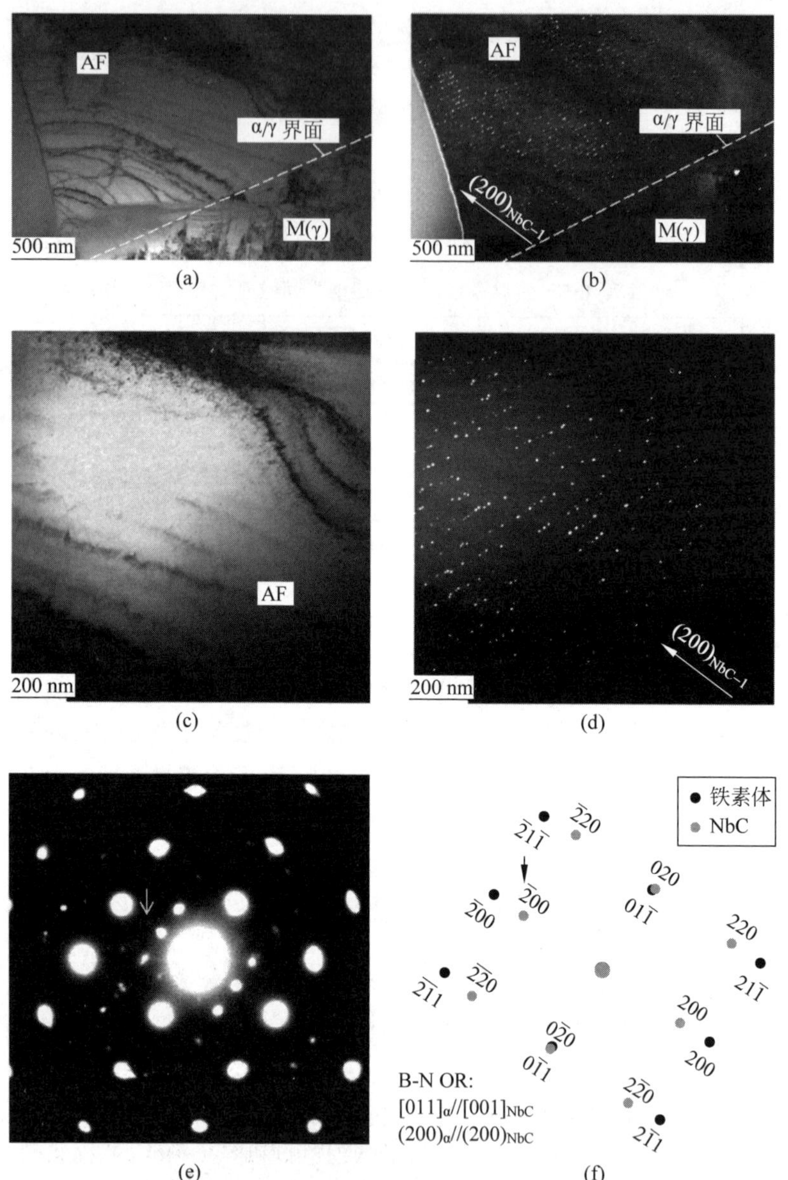

图 4.17 0.03Nb 合金在 825℃ 等温 30 s 后的 TEM 表征结果($\Delta\theta=11.5°$)

(a)、(c) 为明场像,(b)、(d)为对应暗场像,两者放大倍率不同;(e)选取电子衍射花样;(f) 对应的衍射斑标定图

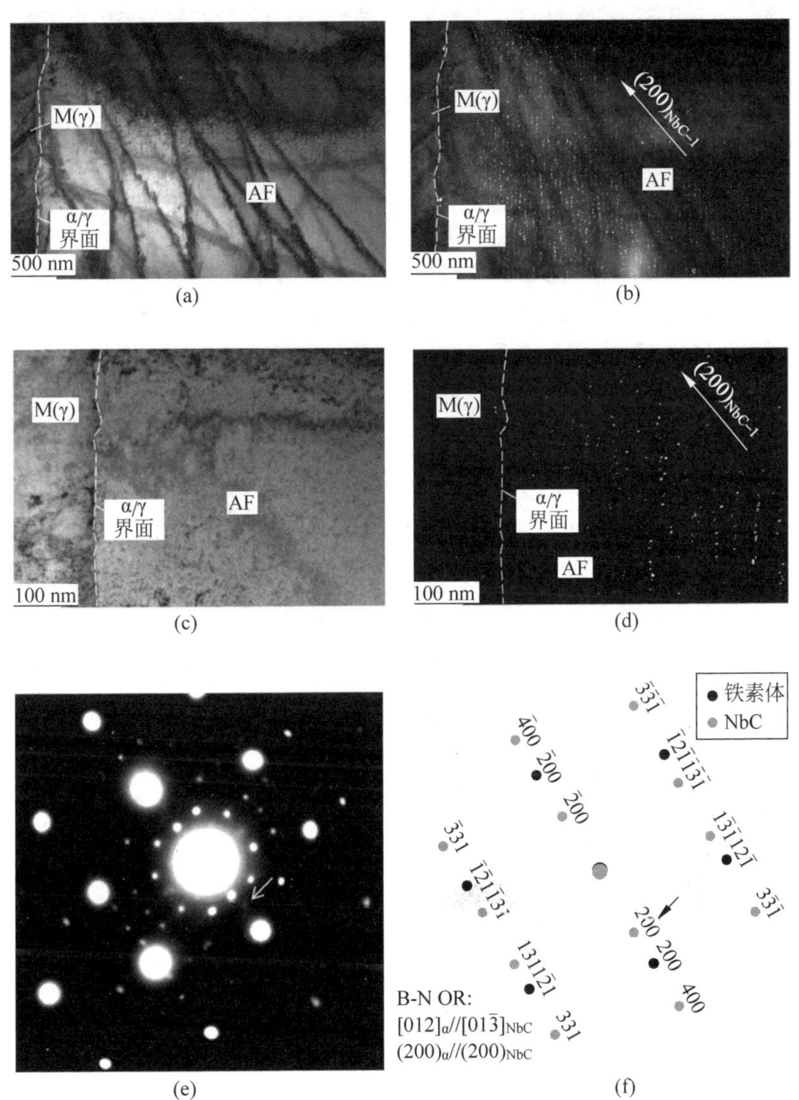

图 4.18 0.03Nb 合金在 800℃ 等温 30 s 后的 TEM 表征结果（$\Delta\theta=11.9°$）

(a)、(c) 为明场像；(b)、(d) 为对应暗场像，两者放大倍率不同；

(e) 选取电子衍射花样；(f) 对应的衍射斑标定图

上多呈扁球体状，其惯习面平行于$(001)_\alpha$。如图 4.20 所示，通过量取$\{002\}_{NbC}$暗场像上碳化物颗粒的长轴与短轴长度（分别记为 l_1 与 l_2），就可获得碳化物体积。若将碳化物视为相同体积的球体，那么球体半径 r 就

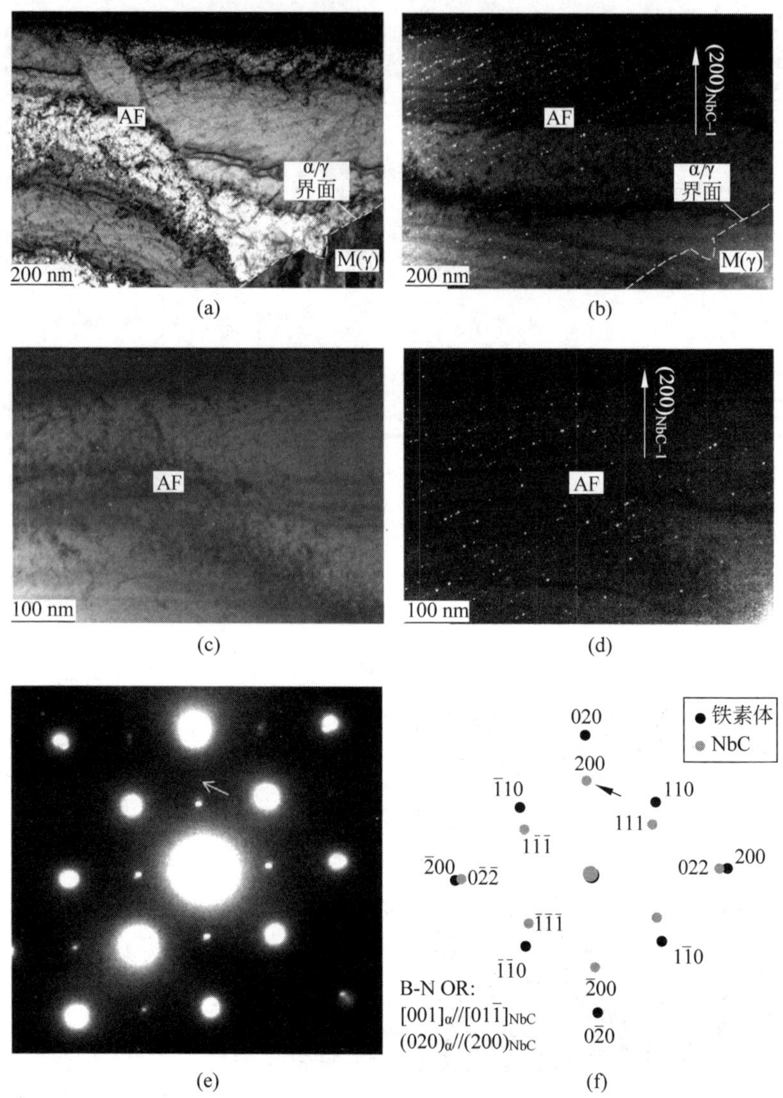

图 4.19　0.03Nb 合金在 750℃ 等温 30 s 后的 TEM 表征结果（$\Delta\theta=23.4°$）

(a)、(c) 为明场像；(b)、(d) 为对应暗场像，两者放大倍率不同；

(e) 选取电子衍射花样；(f) 对应的衍射斑标定图

等效于$\sqrt[3]{l_1^2 l_2}$。接着，试样中 NbC 的平均半径($\bar{r}$)可通过测量 TEM 照片上所有碳化物的颗粒尺寸求平均值得到。表 4.6 列出了 0.03Nb 合金的碳化物尺寸及相间析出片间距。结果表明，两者均随着等温温度的降低而减小，这与 NbC 在低温下可获得较大的形核驱动力有关。此外，相间析出片间距的变化趋势与前人的报道值[106]基本吻合（见图 4.21），而定量上微小的偏差可能源于所取界面的移动速率差异。

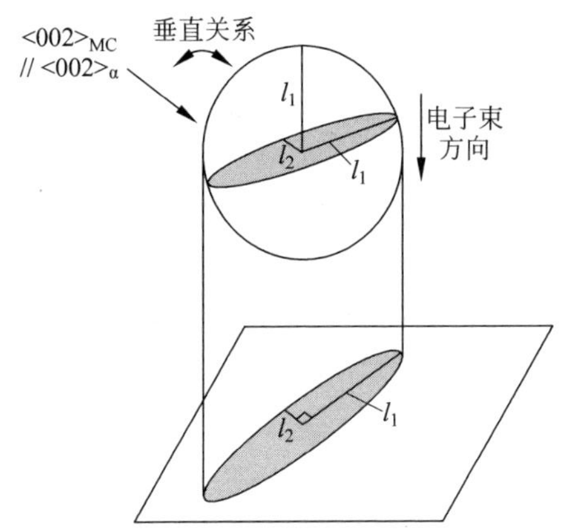

图 4.20　扁球体状析出相与其在二维观察面上的投影

表 4.6　0.03Nb 合金的平均碳化物尺寸及片间距

温度/℃	碳化物尺寸/nm	片间距/nm
825	2.8±0.9	约 85
800	1.6±0.3	约 72
750	1.2±0.4	约 56

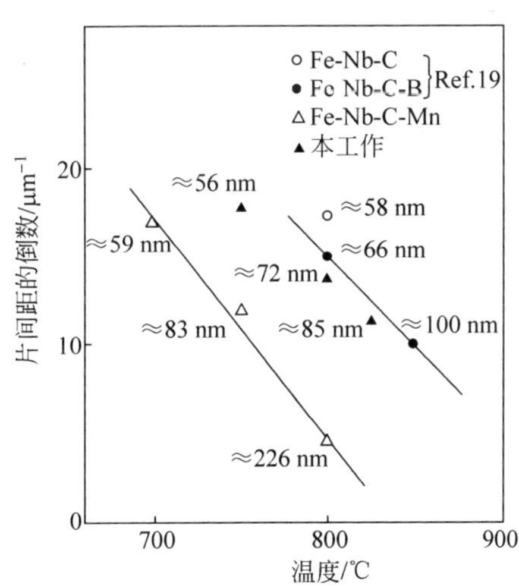

图 4.21　相间析出片间距随温度的变化关系及与前人结果的对比[106]

4.3.4 α/γ 界面附近的元素配分与偏聚

4.3.4.1 界面奥氏体一侧 C 浓度的演化

测量界面奥氏体一侧 C 浓度(C^{γ})的精度除取决于设备本身外,还取决于淬火过程中界面的稳定性。通常,C^{γ} 值越高,界面越稳定;而对于稳定性较差的界面,其在淬火过程中易发生移动,有时还伴随退化珠光体的生成。若界面移动距离与 EPMA 分析的步长(约 0.5μm)相当,则在室温下测得的 C^{γ} 值将比铁素体相变结束后的实际 C^{γ} 值高,这将导致能量耗散值被低估。前期试验发现,850℃等温结束后的大部分界面在淬火时发生了迁移,因此本章的 EPMA 测量只在 825℃、800℃和 750℃的样品中进行。

1) 825℃

图 4.22 和图 4.23 给出了 3 种合金在 825℃等温转变后,组织中 C 浓度分布的 EPMA 测定结果,虚线表示奥氏体中平衡 C 浓度(见图 4.24~图 4.27)。由图 4.22(a)可见,在相变初期(约 15s),Base 合金的界面处 C 浓度就已接近平衡值,且不可动 K-S 界面前沿也存在 C 浓度梯度。相比之下,0.03Nb 合金的界面处 C 浓度在相变初期则显著低于平衡值(见图 4.22(b)),且随着等温时间的延长逐渐升高(见图 4.22(c));当相变进行至 300 s 时,C^{γ} 值达到平衡浓度(见图 4.22(d))。0.06Nb 合金的界面处 C 浓度的演化规律与 0.03Nb 合金相似(见图 4.23(a)~(c))。本实验中未观察到界面晶体学特征(Δθ 值)对 C^{γ} 值有显著影响,这可能与 C 从非共格界面一侧经铁素体内部快速扩散至半共格界面一侧而缩小了两侧界面间的 C 化学势差有关[28]。

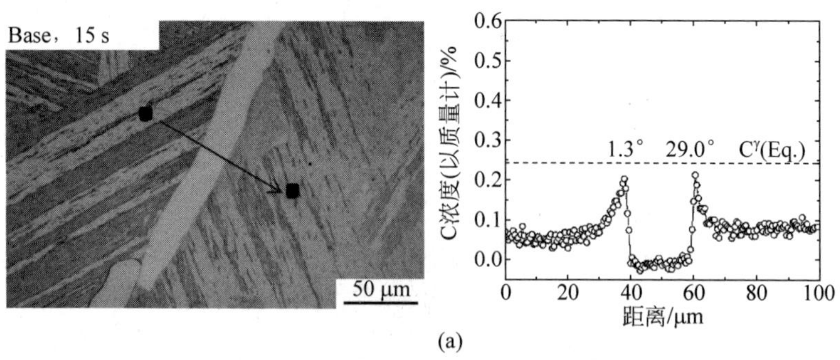

(a)

图 4.22 Base 和 0.03Nb 合金在 825℃等温热处理后的 OM 组织照片及对应 C 浓度分布的 EPMA 测定结果

界面处的 Δθ 表示偏离理想 K-S 位向关系的角度

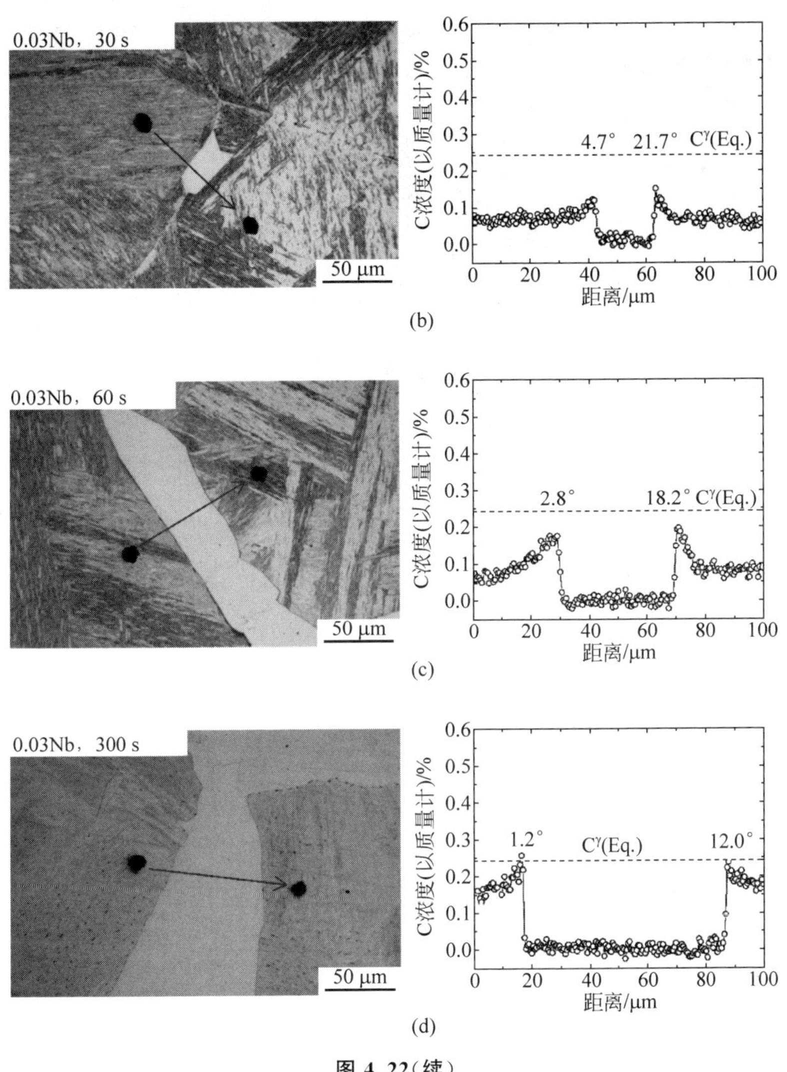

图 4.22（续）

2）800℃

图 4.24 和图 4.25 给出了 3 种合金在 800℃等温转变后组织中 C 浓度分布的 EPMA 测定结果。随着温度的降低，Base 合金在相变初期(约 15 s)界面处的 C 浓度略低于平衡值(见图 4.24(a))，但显著高于 0.03Nb 合金(见图 4.24(b))，后者的 C^{γ} 值随着等温时间的延长逐渐升高(见图 4.24(c))；当相变进行至约 1.8 ks 时，C^{γ} 值达到平衡浓度，相界面前沿的 C 扩散场进入软

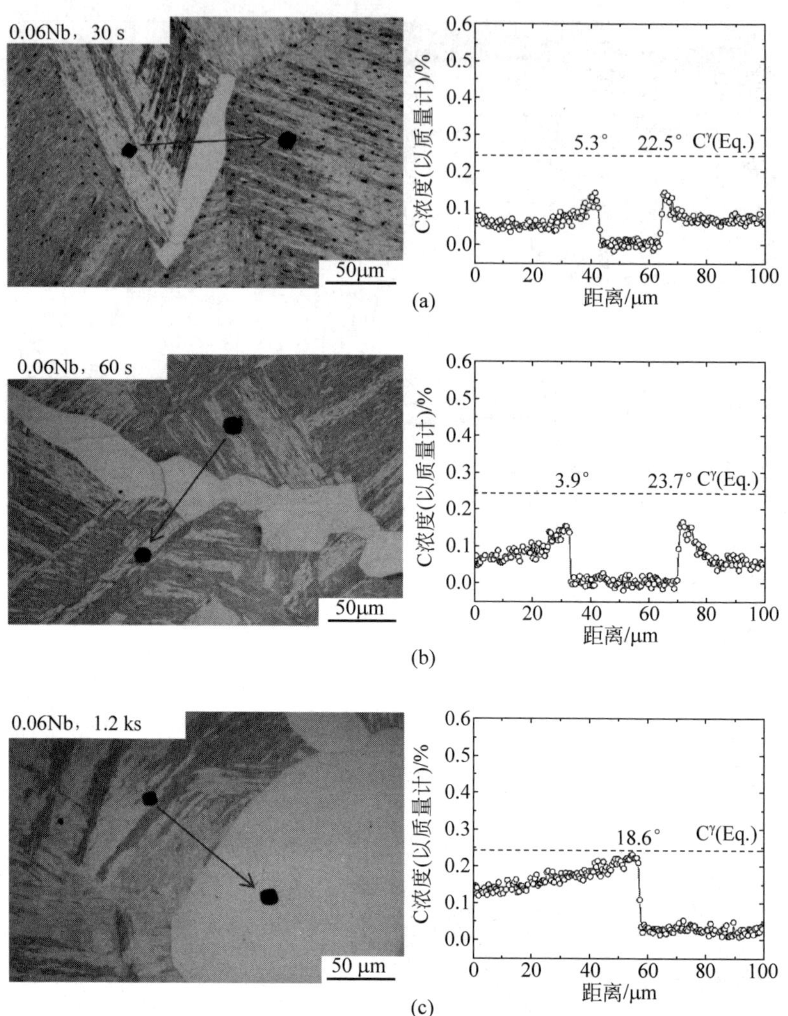

图 4.23　0.06Nb 合金在 825℃ 等温热处理后的 OM 组织照片及对应 C 浓度分布的 EPMA 测定结果

界面处的 Δθ 表示偏离理想 K-S 位向关系的角度

碰撞阶段，预示着相变接近完成(见图 4.24(d))。类似地，0.06Nb 合金的界面处 C 浓度的演化规律与 0.03Nb 合金无明显差别(见图 4.25(a)～(c))。

3) 750℃

图 4.26 和图 4.27 给出了 3 种合金在 750℃等温转变后组织中 C 浓度分布的 EPMA 测定结果。随着温度的进一步降低，含 Nb 合金在相变初期(约 5 s)

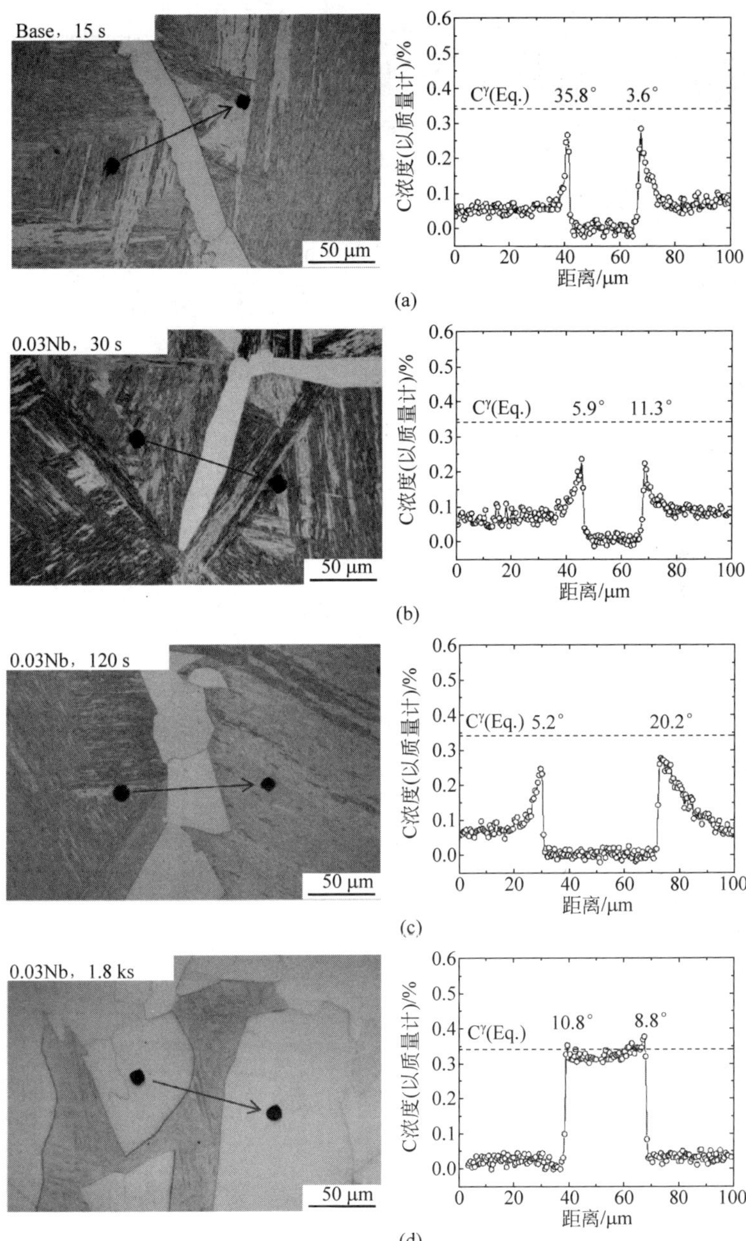

图 4.24　Base 和 0.03Nb 合金在 800℃ 等温热处理后的 OM 组织照片及对应 C 浓度分布的 EPMA 测定结果

界面处的 $\Delta\theta$ 表示偏离理想 K-S 位向关系的角度

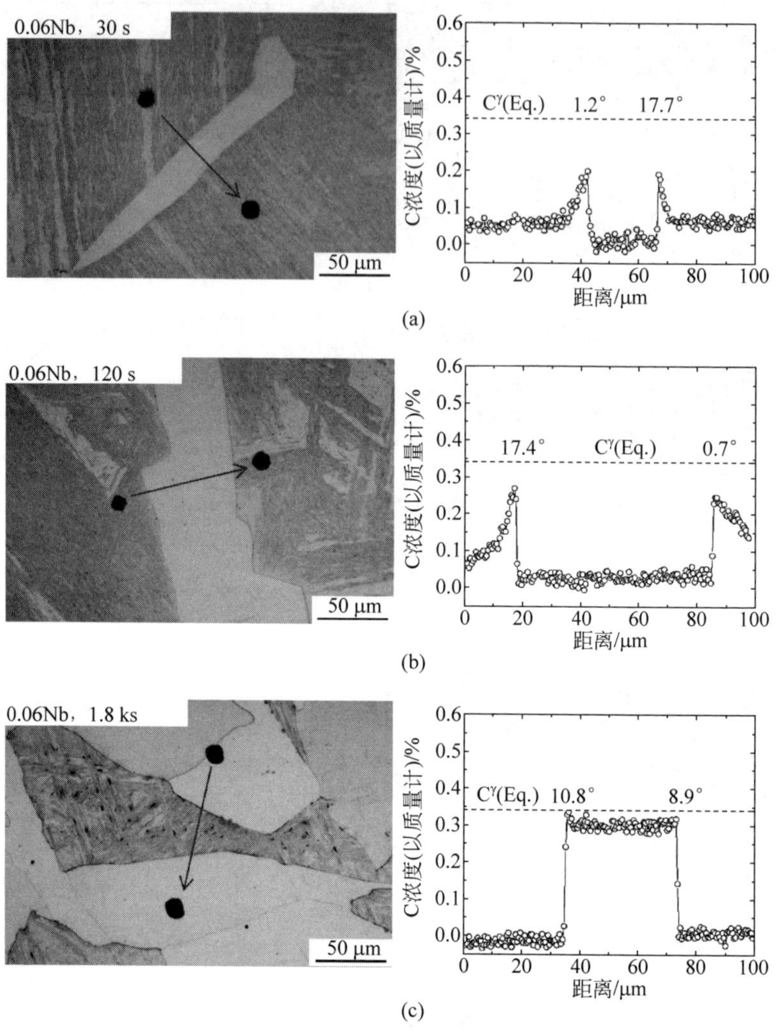

图 4.25 0.06Nb 合金在 800℃ 等温热处理后的 OM 组织照片及对应 C 浓度分布的 EPMA 测定结果

界面处的 $\Delta\theta$ 表示偏离理想 K-S 位向关系的角度

的界面处 C 浓度将更显著地偏离平衡值(见图 4.26(b)和图 4.27(a)),Base 合金也不例外(见图 4.26(a))。此时奥氏体一侧的 C 浓度梯度远比高温时要大。随着等温时间的延长,含 Nb 合金的界面处 C 浓度逐渐升高(见图 4.26(c)和图 4.27(b));当相变进行至约 300 s 时,相变已进入软碰撞阶段,此时 C^{γ} 值依然低于平衡浓度(见图 4.26(d)和图 4.27(c))。

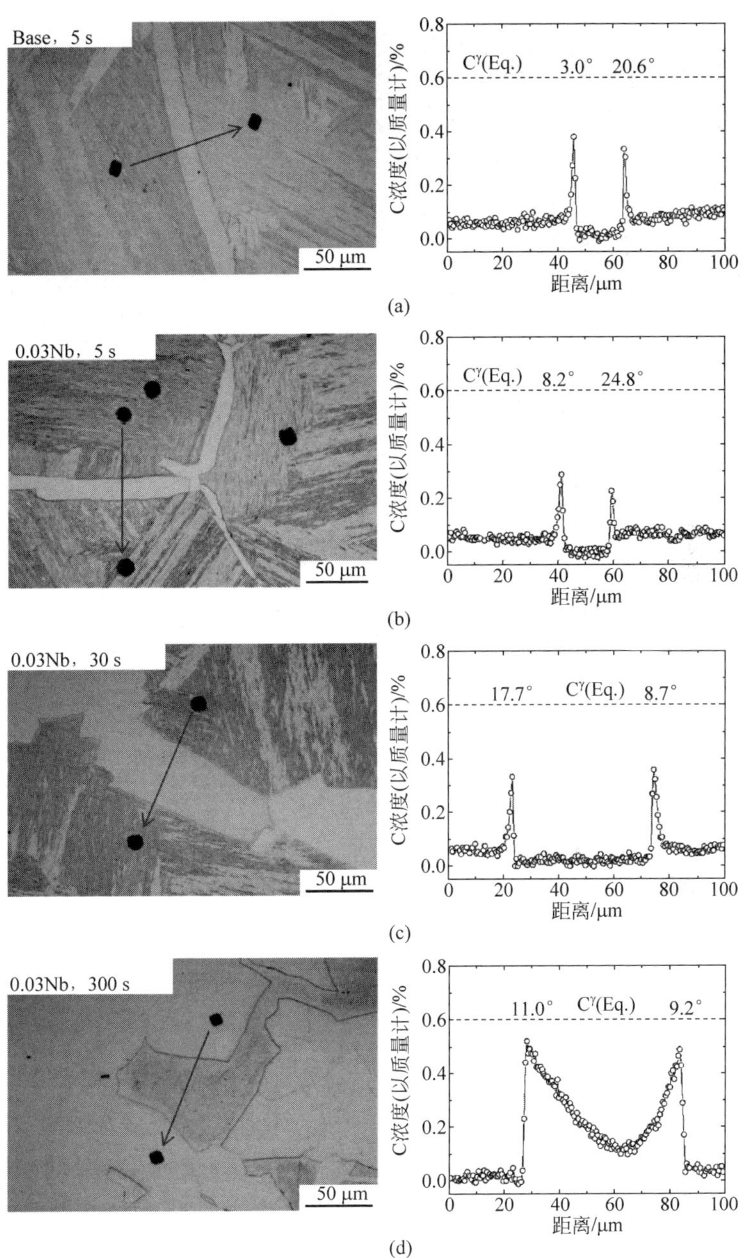

图 4.26　Base 和 0.03Nb 合金在 750℃ 等温热处理后的 OM 组织照片及对应 C 浓度分布的 EPMA 测定结果

界面处的 $\Delta\theta$ 表示偏离理想 K-S 位向关系的角度

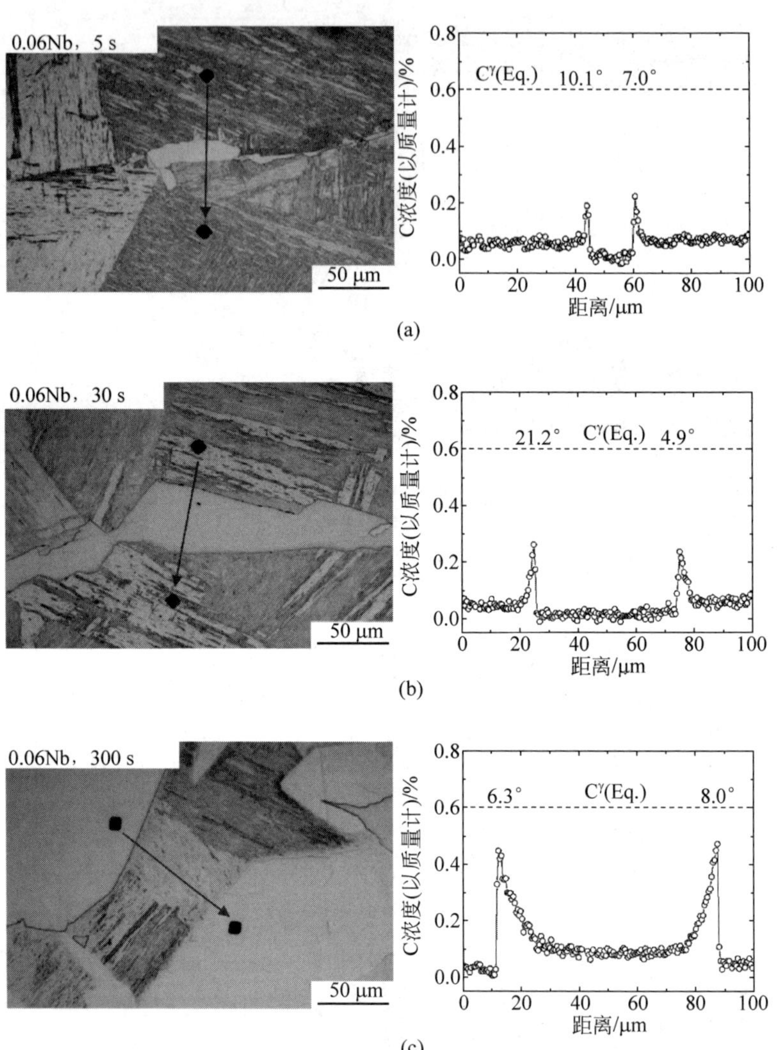

图 4.27 0.06Nb 合金在 750℃ 等温热处理后的 OM 组织照片及对应 C 浓度分布的 EPMA 测定结果

界面处的 $\Delta\theta$ 表示偏离理想 K-S 位向关系的角度

4）界面奥氏体一侧 C 浓度的结果总结

图 4.28(a)～(c)总结了 3 种合金在不同温度下等温铁素体相变时界面处 C 浓度随时间的演化，图中每个数据点由对应样品中选取 6～10 个界面测量求平均值得到，具体取点要求见 2.3.2 节，误差棒代表数据的标准差。

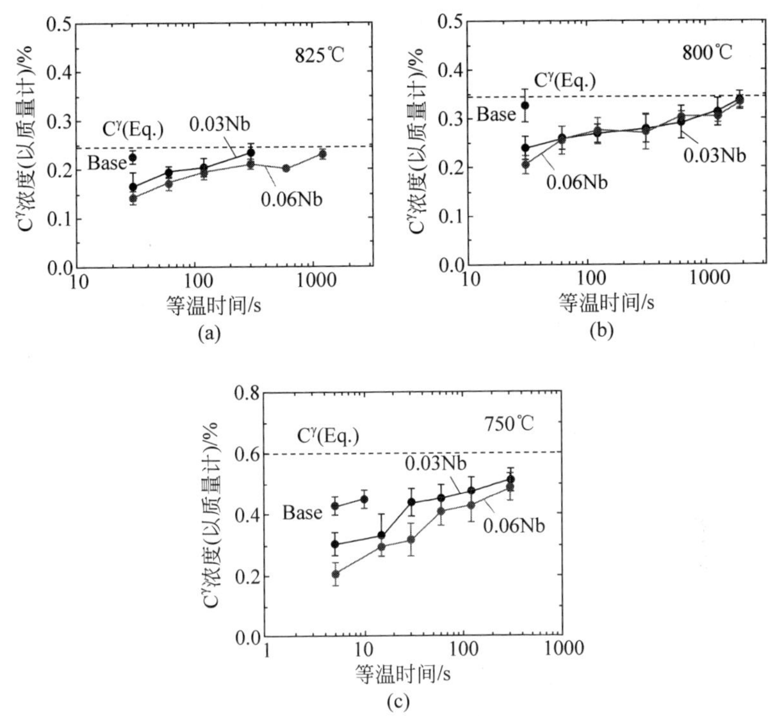

图 4.28　3 种合金在不同温度下的界面处 C 浓度随时间的演化

(a) 825℃；(b) 800℃；(c) 750℃

由图 4.28 可见，在 825℃和 800℃时，Base 合金的界面处 C 浓度在相变早期就已接近平衡值，而当温度降至 750℃时，其界面处 C 浓度则显著偏离平衡态。相比之下，两种含 Nb 合金的界面处 C 浓度在各温度下的相变初期阶段均明显低于平衡值，且随着等温时间的延长逐渐向平衡值接近。此外，基体 Nb 含量对界面处 C 浓度的影响并不显著：在 825℃和 800℃时，两种含 Nb 合金的 C^{γ} 值在误差范围内十分接近；当温度降至 750℃时，0.06Nb 合金的 C^{γ} 值略低于 0.03Nb 合金。

4.3.4.2　界面处 Nb 偏聚的测量

由于溶质原子在 α/γ 界面的偏聚行为与界面共格性密切相关，在 3DAP 测试之前，有必要确定所选界面的晶体学性质。此外，本研究不对界面处的 C 偏聚进行定量分析，原因是 C 在淬火形成马氏体的过程中易发生扩散，并偏聚至位错或板条界等缺陷处[151]。粗略估算表明，即使试样的冷却速率达到 500 K/s,C 原子在低于 M_s 温度(约 500℃[152])以下的马氏体基体内仍可扩散约 0.95 μm(C 的扩散系数取自文献[153])。因此,在室温下测得的界面处 C 浓度并不能代表高温铁素体生长过程中的实际 C 偏聚量。

1) 825℃

图 4.29 和图 4.30 分别给出了 0.03Nb 合金在 825℃等温 30 s 和 60 s 后的 3DAP 测定结果,所取界面均为非共格的 non K-S 界面,由图可见,Nb 原子在界面附近出现显著富集,且富集量随着等温时间的延长而逐渐增加。相比之下,在等温 30 s 的试样中未观察到 C 的偏聚,这是因为该界面在淬火过程中发生了迁移,导致 C 迅速从铁素体一侧向奥氏体一侧扩散,而 Nb 原子因扩散缓慢被保留在了原处。此外,即使对于稳定的相界面,如

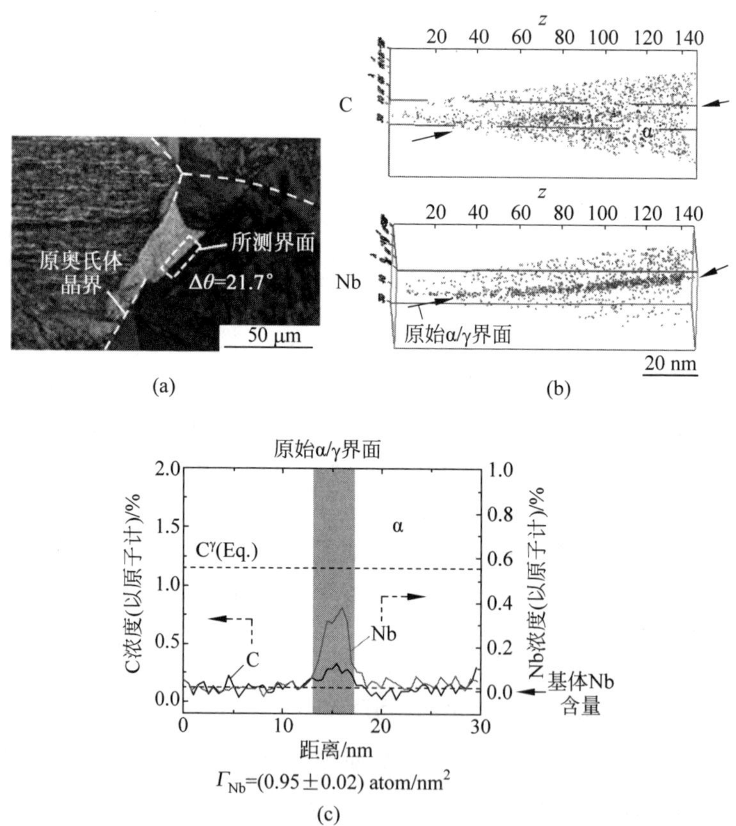

图 4.29 0.03Nb 合金在 825℃ 等温 30 s 后的 3DAP 测定结果

(a) 铁素体方位图;(b) C、Nb 原子分布图;(c) 穿过 α/γ 界面的一维浓度分布结果

图 4.30(a)所示，界面附近奥氏体中的 C 富集量也可能超过平衡成分，这种结果在其他试样中也普遍存在，其原因可能是在淬火过程中，C 可从铁素体一侧配分至奥氏体，但无须界面迁移，类似 Q&P 钢的淬火-配分过程[154]。同时，在等温 60 s 试样的界面铁素体一侧，还观察到了弥散细小的碳化物(如图 4.30(a)中虚线箭头所指)，表明在铁素体相变初期就已发生了相间析出，这与先前的 TEM 观察结果一致。本书利用圆柱形感兴趣区域(region of interest，ROI)对某个碳化物进行一维成分分析，发现其 Nb、C

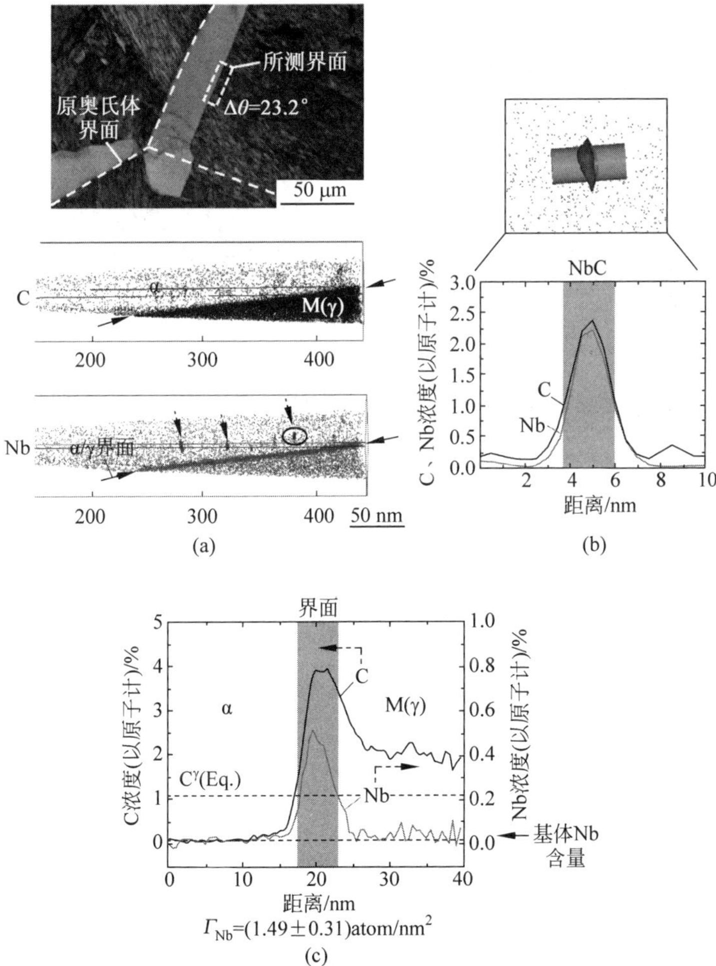

图 4.30　0.03Nb 合金在 825℃ 等温 60 s 后的 3DAP 测定结果

(a) 铁素体方位图和 C、Nb 原子分布图；(b) 某 NbC 颗粒的一维浓度分布结果；(c) 穿过 α/γ 界面的一维浓度分布结果

含量的原子分数比接近 1∶1，但受到 3DAP 本身仪器误差的影响（如轨迹畸变、局部放大等像散问题），NbC 颗粒中混入了大量来自基体的 Fe 原子，导致 NbC 中 Nb 和 C 的总原子分数明显小于 100%。图 4.31 给出了 0.03Nb 合金在 825℃等温 300 s 后的 3DAP 测定结果，所取 α/γ 界面分别来自 non K-S 界面（见图 4.31(a)）和 K-S 界面（见图 4.31(b)）。结果显示，Nb 原子更倾向在 non K-S 界面处偏聚，而几乎不偏聚于 K-S 界面。类似结果同样出现在 V[78]、Mo[7] 的合金体系中，这可能与共格度较好的界面具有较低容纳异类原子的能力有关[76]。

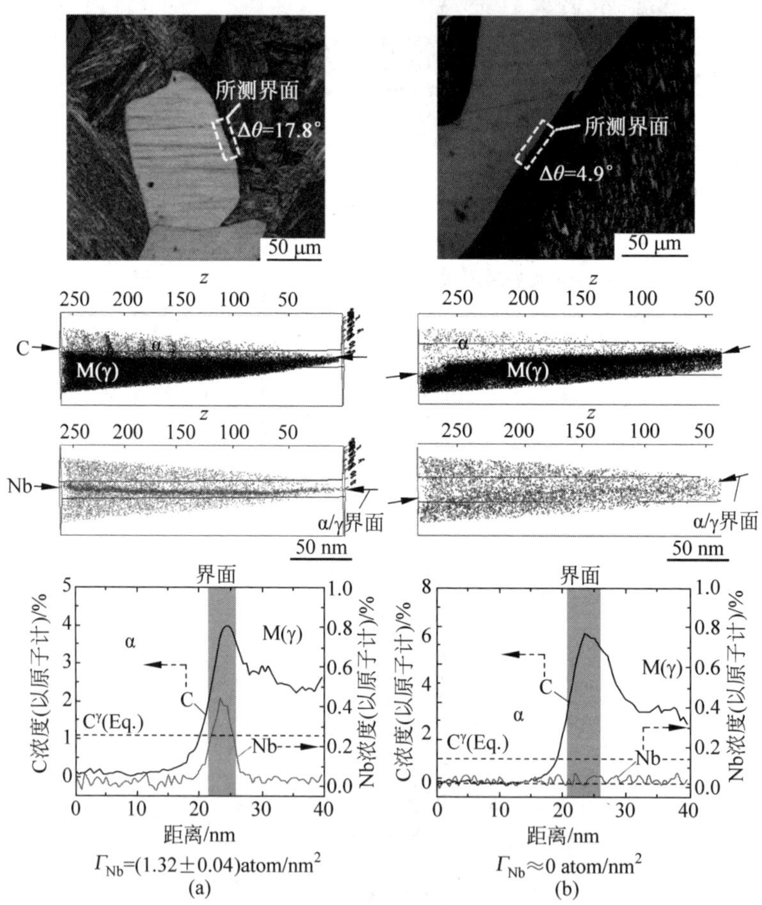

图 4.31　0.03Nb 合金在 825℃ 等温 300 s 后的 3DAP 测定结果

(a) non K-S 界面；(b) K-S 界面

图 4.32 给出了 0.06Nb 合金在 825℃等温 30 s 和 120 s 后的 3DAP 测定结果，所取界面均为 non K-S 界面。与 0.03Nb 合金相比，界面处 C、Nb 溶质原子的偏聚更为显著。Nb 偏聚量随等温时间的延长略有增加。此外，因基体 Nb 含量的提升，在界面附近观察到 NbC 团簇或析出的概率也随之增大(见图 4.32(b))。

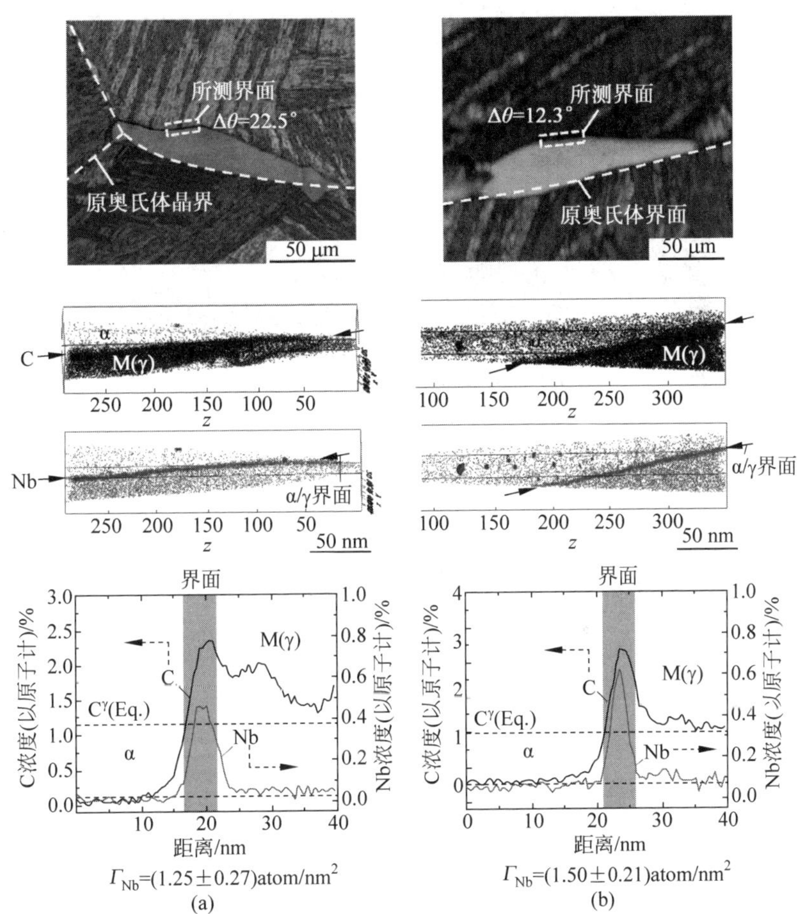

图 4.32　0.06Nb 合金在 825℃ 等温不同时间后的 3DAP 测定结果

(a) 30 s; (b) 120 s

2) 800℃

图 4.33 给出了 0.03Nb 合金在 800℃等温 60 s 和 300 s 后 non K-S 界面的 3DAP 测定结果。与 825℃的情况类似，C、Nb 原子在界面处显著偏聚

且 Nb 的偏聚量随等温时间的延长而提升，但在相变初期的界面附近的析出相数密度要明显高于 825℃（见图 4.33(a)），且随着相变的进行而减小（见图 4.33(b)）。值得注意的是，在等温 300 s 的试样中，我们观察到了两颗远离移动界面约 60 nm 的 NbC，而在界面附近则未见碳化物析出。因该界面前沿的碳化物事先已由 SEM 证实是以相间析出方式析出的，因此它为相间析出的发生需要溶质偏聚量达到某个临界值的推论提供了有力支持。

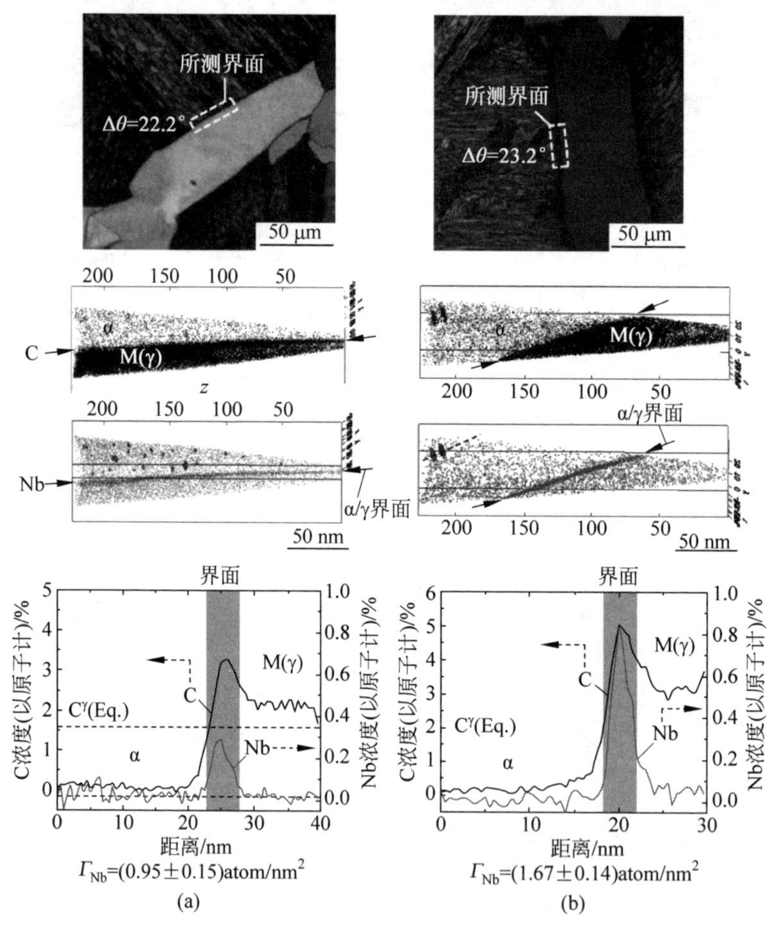

图 4.33　0.03Nb 合金在 800℃ 等温不同时间后的 3DAP 测定结果

(a) 60 s; (b) 300 s

图 4.34 给出了 0.06Nb 合金在 800℃ 等温 60 s 和 300 s 后 non K-S 界面的 3DAP 测定结果。Nb 的界面偏聚及伴随的 NbC 析出在这两种情形下清晰可见。相比之下，析出相在相变后期的尺寸远大于相变初期，原因可能是随着相变的进行，界面移动速率逐渐减小，为析出相在界面处形核和长大提供了更多时间。此外，与高温热处理的结果不同，Nb 在等温 300 s 的试样中的界面偏聚量（约 1.22 atom/nm^2）比等温 60 s（约 1.81 atom/nm^2）的要小。通常，在铁素体中固溶 Nb 含量不变的前提下（相变处于不配分模式），元素偏聚量应随界面移动速率的减小而单调递增。然而，含 Nb 合金中因发生相间析出使得固溶在铁素体中的部分 Nb 原子被消耗掉，此时界

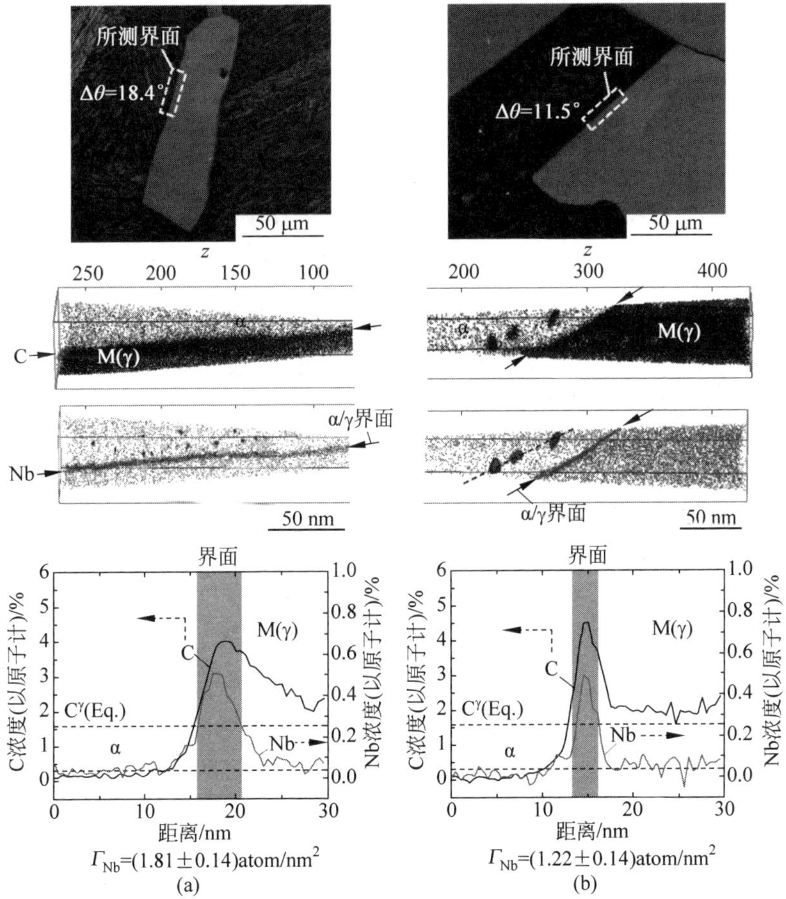

图 4.34　0.06Nb 合金在 800℃ 等温不同时间后的 3DAP 测定结果

(a) 60 s；(b) 300 s

面处的 Nb 偏聚量不再仅由界面迁移速率决定。当铁素体中的固溶 Nb 含量在相变后期被大量析出的 NbC 所消耗时，就可能出现相反的结果。表 4.7 中 3DAP 的定量分析结果也支持了该推论。此外，我们发现，即使在界面迁移速率相近的情况下，等温 300 s 的试样中的 Nb 偏聚量也比 0.03Nb 合金的对应值(见图 4.33(b))要低，可见界面移动距离对 Nb 偏聚行为的影响也不容忽视，即界面处动态偏聚的 Nb 原子被相间析出消耗后，在形成下一组碳化物阵列之前需要时间来重建新的偏聚。

3) 750℃

图 4.35 给出了 0.03Nb 合金在 750℃ 等温 30 s 后 non K-S 界面的 3DAP 测定结果。除了界面处 C、Nb 的偏聚外，我们在界面附近还观察到许多随机分布的 NbC 颗粒；相比之下，0.06Nb 合金界面铁素体一侧的碳化物呈现规则片状分布，如图 4.36 所示。这些结果表明，等温温度的降低可显著促进碳化物形核，但对 Nb 在界面处的偏聚程度影响不大。本工作的另一重要发现是首次在界面内观察到了 Nb 原子分布的不均匀性，即图 4.36(a)中蓝色箭头所指的 Nb 富集区很可能是相间析出 NbC 在形核初

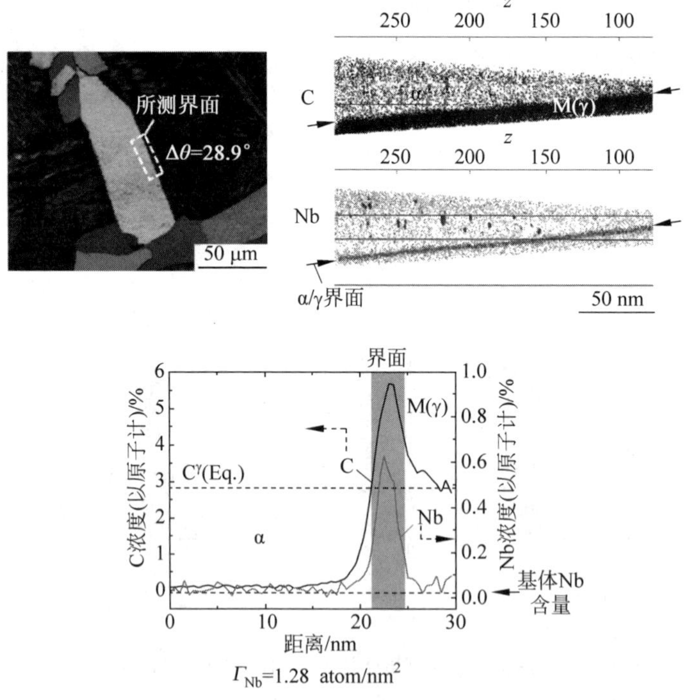

图 4.35 0.03Nb 合金在 750℃ 等温 30 s 后的 3DAP 测定结果

期的纳米团簇。为了进一步加深认识，我们从 3DAP 数据中分别提取出相间析出某片层与 α/γ 界面。在图 4.36(b)中，那些代表 NbC 的 Nb 原子的

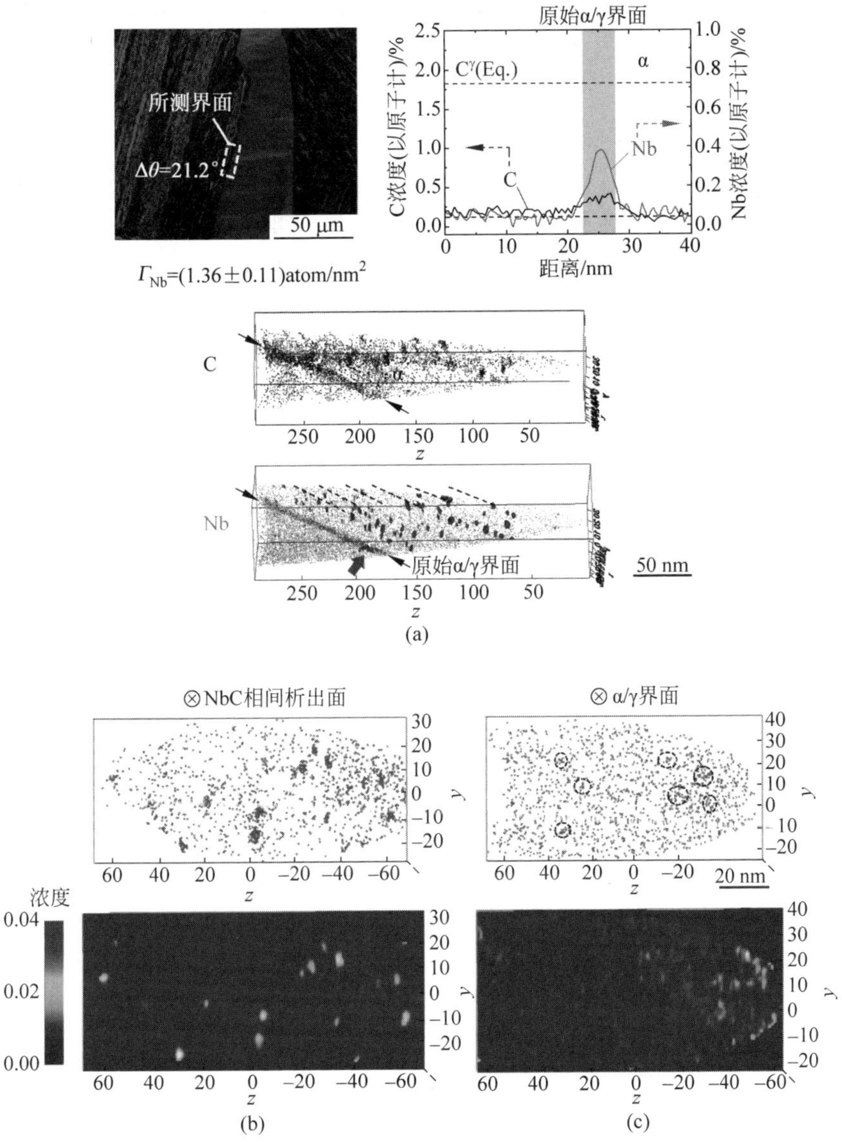

图 4.36　0.06Nb 合金在 750℃ 等温 30 s 后的 3DAP 测定结果(见文前彩图)

(a) 铁素体方位图，C、Nb 原子分布图及穿过 α/γ 界面的一维浓度分布结果；(b) 某相间析出片内的 Nb 原子分布图及对应的二维等高线浓度图；(c) α/γ 界面内的 Nb 原子分布图及对应的二维等高线浓度图

局部富集区清晰可见，对应于二维等高线图中的高浓度部分（单位：原子分数）；而在 α/γ 界面内则没有观察到具有极高 Nb 浓度的局部富集区，取而代之的是许多若隐若现的纳米 Nb 团簇，见图 4.36(c)中的虚线圈。上述结果传递出了一个重要信息，即元素偏聚很可能是促进碳化物在界面内发生相分离[①]的直接原因。

4）3DAP 数据总结

表 4.7 总结了两种含 Nb 合金在不同温度热处理后的界面处 Nb 偏聚量，以及固溶于铁素体与奥氏体中的 Nb 含量。每组数据均源于所选最大（或次大）铁素体的某个 non K-S 或 K-S 界面，误差棒代表在同一个界面处成功测得两组以上 3DAP 数据的标准偏差。结果表明，在 non K-S 界面附近的铁素体中固溶 Nb 含量普遍低于初始成分，而在 K-S 界面附近的则与初始成分较为接近，这再次证实了 NbC 的相间析出易发生在 non K-S 界面

表 4.7 含 Nb 合金的 3DAP 结果总结

合金	温度/℃	时间/s	Nb 偏聚量/($atom/nm^2$)	Nb 浓度（以原子计）/%（初始基体成分：0.021，0.037）	
				铁素体*	奥氏体
0.03Nb	825	30	0.95±0.02	0.010	0.025±0.004
		60	1.49±0.31	0.012	0.025±0.004
		300	1.32±0.04	0.012±0.006	0.022±0.003
		300	<0.1（K-S 界面）	0.022±0.003	0.020±0.004
	800	60	0.95±0.02	0.010±0.005	0.022±0.002
		300	1.67±0.14	0.006±0.002	0.027±0.006
	750	30	1.28	0.012±0.003	0.026±0.003
0.06Nb	825	30	1.25 ± 0.27	0.013 ± 0.002	0.039 ± 0.003
		120	1.50 ± 0.21	0.012 ± 0.002	0.035 ± 0.003
	800	60	1.81± 0.14	0.018 ± 0.005	0.052 ± 0.005
		300	1.22± 0.14	0.004 ± 0.002	0.034± 0.001
	750	30	1.36 ± 0.11	0.015 ± 0.005	0.043

注：若无特殊说明，数据均来自 non K-S 界面。

* 此处固溶 Nb 含量是指将 NbC 从铁素体基体内扣除后的剩余平均 Nb 浓度。

① 相间析出是以界面内“形核”还是“调幅分解”的形式发生目前尚不明确，此处采用“相分离”(phase separation)一词可笼统地指代其形成机制。

内，而不易发生于 K-S 界面。此外，两种合金奥氏体中的固溶 Nb 含量与基体初始成分普遍接近，间接表明了 NbC 在相变时并未从奥氏体中析出。值得注意的是，Nb 的偏聚量和它在铁素体中的固溶浓度并不随着初始基体 Nb 含量的增加或相变温度的降低而有显著提升，这意味着相间析出 NbC 的发生对 Nb 界面偏聚及溶质拖曳效应的影响不容忽视。

4.4 本章讨论

4.4.1 移动界面处能量耗散的估算

既然移动界面处的 C 浓度已通过 FE-EPMA 定量测得，下一步就可估算界面处的能量耗散值，具体计算方法见式(1-9)。图 4.37 给出了 3 种合金在不同温度下的界面处能量耗散值($\Delta G_{dis.}$)随时间的演化。结果显示，在各个温度下，含 Nb 合金的 $\Delta G_{dis.}$ 值均随着等温时间的延长而逐渐减小；

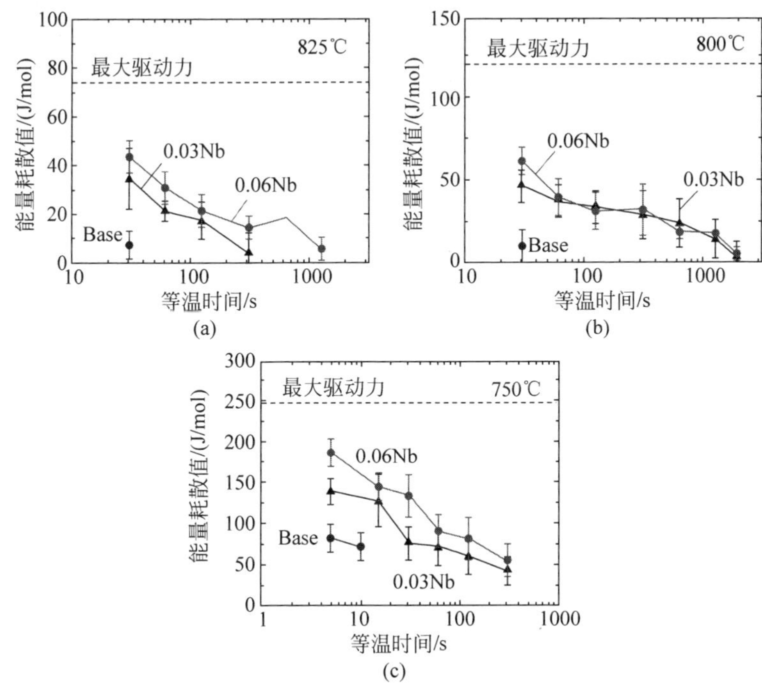

图 4.37　3 种合金在不同温度下的界面处能量耗散值随时间的演化

(a) 825℃；(b) 800℃；(c) 750℃

而在相同时间点，$\Delta G_{dis.}$ 值则随着相变温度的降低而增大。此外，Base 合金的能量耗散值远比含 Nb 合金小，表明 Nb 添加能显著增加 α/γ 界面移动时的能量耗散，尤其是在相变初期，但这种影响会随着等温时间的延长而逐渐消失。进一步提高基体 Nb 含量并未显著增加界面处的能量耗散（如 825℃和 800℃时），这种情况只有在 750℃时略有差异。

确定产生界面处能量耗散的主要因素是阐明 Nb 对铁素体长大影响的关键。在有碳化物析出的重构型相变中，总能量耗散通常由以下 4 项组成：

$$\Delta G_{dis.} = \Delta G_{spike} + \Delta G_{m} + \Delta G_{PF} + \Delta G_{SDE} \tag{4-2}$$

其中，ΔG_{spike} 为 Nb 在界面附近发生局域配分而产生的能量耗散；ΔG_{m} 为界面本征迁移率引起的能量耗散（也称本征摩擦）；ΔG_{PF} 为 NbC 相间析出后钉扎界面引起的能量耗散；ΔG_{SDE} 为 Nb 界面偏聚诱导溶质拖曳效应而产生的能量耗散。本节下面将对这 4 项逐个进行定量分析。

4.4.2　引起界面处能量耗散的因素

在扩散型相变中，“浓度尖峰”的形成是指从准平衡（PE）状态向局域平衡（NPLE）状态过渡时，合金元素在界面处的浓度累积。此过程将造成能量耗散。Hillert 给出了定量估算 ΔG_{spike} 的公式[65]：

$$\begin{aligned}\Delta G_{spike} &= RT\left[y_{Nb}^{0}\ln\frac{y_{Nb}^{0}}{y_{Nb}^{\gamma}} + (1-y_{Nb}^{0})\ln\frac{1-y_{Nb}^{0}}{1-y_{Nb}^{\gamma}}\right] \\ &= RT\left[y_{Nb}^{0}\ln\frac{1}{k^{\gamma/\alpha}} + (1-y_{Nb}^{0})\ln\frac{1/y_{Nb}^{0}-1}{1/y_{Nb}^{0}-k^{\gamma/\alpha}}\right]\end{aligned} \tag{4-3}$$

其中，y_{Nb}^{0} 是基体 Nb 含量（对于不配分型相变，$y_{Nb}^{\alpha}=y_{Nb}^{0}$）；$y_{Nb}^{\gamma}$ 是界面奥氏体一侧 Nb 含量；$k^{\gamma/\alpha}$（$=y_{Nb}^{\gamma}/y_{Nb}^{\alpha}=\exp(-2\Delta E/RT)$）是配分系数，$2\Delta E$ 是 Nb 在铁素体与奥氏体中的化学势差；T 是绝对温度。表 4.8 列出了计

表 4.8　由 Nb 浓度尖峰所引起的能量耗散值

温度/℃	ΔE/(J/mol)	$k^{\gamma/\alpha}$	ΔG_{spike}/(J/mol)	
			0.03Nb	**0.06Nb**
825	798	0.84	0.0	0.1
800	−141	1.03	0.0	0.0
750	−2703	1.89	0.5	0.8

注：采用 Thermo-Cale 的 TCFE9 数据库。

算所得的 ΔE、$k^{\gamma/\alpha}$ 及 ΔG_{spike}。由于 Nb 在两相间的配分倾向十分微弱，各温度下的 ΔG_{spike} 值仅为 0～0.8 J/mol。因此相比于总能量耗散，由 Nb 浓度尖峰所引起的能量耗散可忽略不计。

由界面本征迁移率引起的能量耗散值可通过式(1-7)进行估算。图 4.38 给出了 3 种合金在不同温度下的能量耗散值随界面移动速率的变化关系，其中虚线表示利用不同报道值的界面本征迁移率所计算的 ΔG_m 值。考虑到 Base 合金的界面处能量耗散主要源于界面本征摩擦，因此可通过对比其实验结果与理论预测值来选取合适的 M_{int}。结果表明，在 825℃ 和 800℃ 时，采用式(2-9)或引用文献[115]的 M_{int} 均可较好地解释 Base 合金的实验结果，两者的估算值在所研究的界面移动速率范围内非常接近，因而不会对含 Nb 合金的 ΔG_m 值估算产生显著影响；相比之下，750℃ 时的实验数据存在较大误差，这给 M_{int} 的选值工作增添了不确定性。此外，在该温度

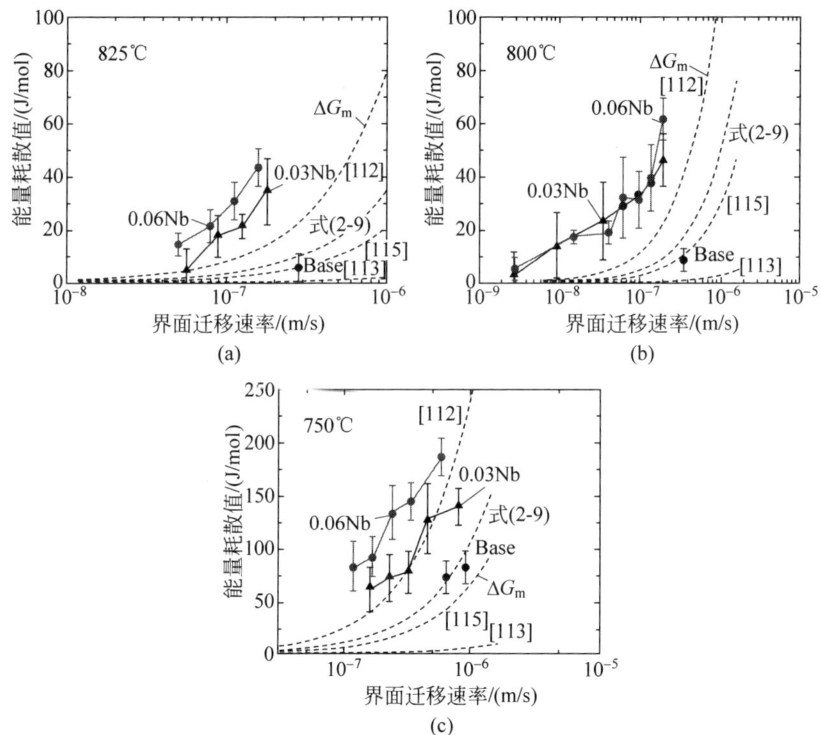

图 4.38　3 种合金在不同温度下的界面处能量耗散值随界面移动速率的变化关系

(a) 825℃；(b) 800℃；(c) 750℃

下，各合金的界面移动速率相对较快，所选 M_{int} 值的微小差异将显著改变 ΔG_m 值(尤其是相变初期的数据)，从而间接影响后续溶质拖曳理论的分析。此部分内容将在 4.4.3.2 节讨论。为方便起见，本节暂用式(2-9)给出的 M_{int} 值来定量估算 ΔG_m。

碳化物在界面处析出将钉扎界面迁移，造成能量耗散。根据第 3 章的分析结果，经典 Zener 模型可能同样适用于析出相与移动 α/γ 界面间的交互作用，故可用来估算 NbC 的钉扎力：

$$\Delta G_{PF} = 3f\sigma V_m/2r \tag{4-4}$$

其中，f 是 NbC 的体积分数；σ 是非共格 α/γ 界面的界面能(取值 0.8 J/m^2)；V_m 是 Fe 的摩尔体积(7.0×10^{-6} m^3/mol)；r 是将碳化物假定为球形后的等效半径。表 4.9 列出了用于计算 ΔG_{PF} 的相关参数，其中 f_e 是由 ThermoCalc 计算的平衡 NbC 体积分数，f_a 是根据铁素体中剩余固溶 Nb 含量(见表 4.7)推算得到的实际 NbC 体积分数，r 是通过团簇分析(cluster analysis[155])方法获得的等效半径。

表 4.9　计算 ΔG_{PF} 值的相关物理参数

温度/℃	$f_e/10^{-4}$		$f_a^*/10^{-4}$		r/nm		ΔG_{PF}/(J/mol)	
	0.03Nb	0.06Nb	0.03Nb	0.06Nb	0.03Nb	0.06Nb	0.03Nb	0.06Nb
825	3.9	6.9	2.1	4.5±0.4	0.6	0.8	2.9	5.0±0.4
800	4.0	7.0	2.1±1.0	3.6±1.0	0.7	0.6	2.5±1.2	4.2±1.4
750	4.1	7.1	1.8±0.6	4.0±1.0	0.6	0.8	2.5±0.8	4.7±1.1

* 为简化分析，此处仅使用在相变初期阶段的铁素体中固溶 Nb 含量来估算 f_a 的值。

由表 4.9 可知，含 Nb 合金在不同温度下的 f_e 普遍是 f_a 的 1.4～2 倍，表明基体 Nb 原子并未完全以 NbC 的形式析出。将 f_a 与 r 代入式(4-4)后可得，两种合金的 ΔG_{PF} 值分别约为 3 J/mol 和 5 J/mol，均远小于实验测得的总能量耗散值。然而，有些学者主张相间析出是以高密度析出相的形式在界面内形核长大的，因此相比于传统的随机析出，其引发的 ΔG_{PF} 值应该更大。为验证这一推测，本节推导了基于台阶机制的相间析出钉扎力公式：

$$\Delta G_{PF}^r = \frac{\sigma V_m}{4}\sqrt{\frac{3\pi f}{4r\lambda}} \tag{4-5}$$

其中，λ 为相间析出片间距，其余参数维持原意。详细推导过程请参考附录 A。以 0.03Nb 合金为例，将表 4.7 中的 λ 值代入式(4-5)可发现，ΔG_{PF}^r 仅在 4～5 J/mol 的范围内，这与上述经典 Zener 公式的计算值意外相近，其原因可归结于本工作中较宽的相间析出片间距。综上所述，相比于总能量耗散，因 NbC 相间析出而导致的钉扎力并不是造成铁素体长大变缓的主要原因。

4.4.3　溶质拖曳模型的理论分析

根据式(4-2)，将上述各项从总能量耗散中扣除，即可获得由溶质拖曳效应引起的能量耗散值(ΔG_{SDE})。本节将重点通过溶质拖曳理论分析 Nb 偏聚量、ΔG_{SDE} 及界面迁移速率之间的关系，并讨论相间析出对相变的影响。

4.4.3.1　溶质拖曳模型的介绍

为了定量描述溶质拖曳效应，相关学者在过去半个世纪提出了不少经典的溶质拖曳模型[4-5,63-64]。Hillert 等[65]经严格分析发现，即使这些模型在数学上给出的计算值相同，它们也具有不同的物理意义。近期，Miyamoto 等[7]基于 Hillert 和 Sundman[64]的能量耗散概念，同时参考 Enomoto 模型[63,72]，将考虑有 C 和合金元素共偏聚行为的 SDE 模型用于系统研究 Mo 对铁素体生长的影响，揭示了 Mo 偏聚与 SDE 间的物理关系。考虑到 Nb 对 C 具有更强的吸引作用，该模型也同样适用于 Nb 元素的 SDE 研究，具体计算方法如下。

本方法首先采用亚点阵模型(sublattice model)[156]来描述各合金元素在界面内的化学势。我们假设 Fe、Nb 原子占据主晶格位置，C 和空位占据次晶格位置，且界面内的主晶格位置数和次晶格位置数相同。忽略成分和除 Nb-C 交互作用系数外的高阶项，各元素的化学势 μ_i 可近似为

$$\mu_{Fe}=RT\ln[(1-y_{Nb})(1-y_C)]-y_{Nb}y_CW_{int} \tag{4-6}$$

$$\mu_{Nb}=RT\ln[y_{Nb}(1-y_C)]+(1-y_{Nb})y_CW_{int}+E_{Nb}(x) \tag{4-7}$$

$$\mu_C=RT\ln[y_C/(1-y_C)]+y_{Nb}W_{int}+E_C(x) \tag{4-8}$$

其中，y_i 是元素 i 的占位分数(i 为 C 或 Nb)；$E_i(x)$是溶质原子与 α/γ 界面在坐标 x 处的结合能(见图 4.39)。W_{int} 表示 Nb-C 在界面内的交互作用系数，它与 Wagner 系数(ε_{int})的关系为

$$\varepsilon_{int}=W_{int}/RT \tag{4-9}$$

其中，E^0_{Nb} 是 Nb 在界面中心的结合能(为以示区别，此处称作偏聚

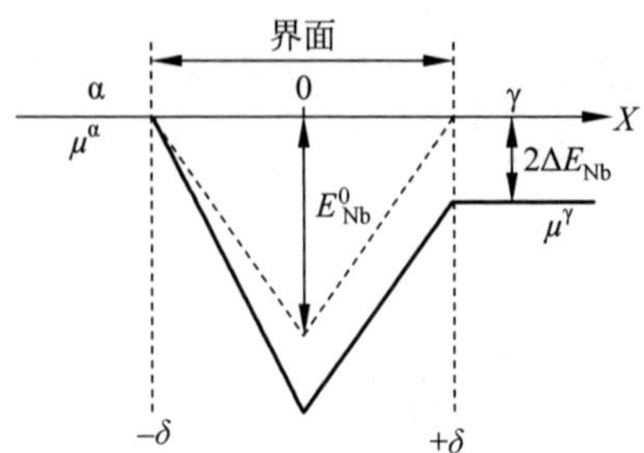

图 4.39　Nb 原子在 α/γ 界面处的能量势阱示意图

能)；$2\Delta E_{Nb}$ 是 Nb 在 α 和 γ 中的化学势差；2δ 为界面厚度。

根据文献[65]，Fe、Nb、C 的扩散流量可表示为

$$-J_{Fe}=J_{Nb}=-\frac{D_{Nb}^{trans.}}{RTV_m}y_{Nb}(1-y_{Nb})\frac{d\Delta\mu}{dx} \tag{4-10}$$

$$J_C=-\frac{D_C^{trans.}}{RTV_m}y_C(1-y_C)\frac{d\mu_C}{dx} \tag{4-11}$$

其中，$D_{Nb}^{trans.}$ 和 $D_C^{trans.}$ 分别是 Nb、C 原子的跨界面扩散系数；$\Delta\mu$ 是 Fe、Nb 原子的互扩散势；V_m 是摩尔体积。根据式(4-6)和式(4-7)，$\Delta\mu$ 可写成

$$\begin{aligned}\Delta\mu&=\mu_{Nb}-\mu_{Fe}\\&=RT\ln[y_{Nb}/(1-y_{Nb})]+y_C W_{int}+E_{Nb}(x)\end{aligned} \tag{4-12}$$

在模拟 SDE 的过程中，考虑到原子在界面内的扩散速率快、界面厚度薄等因素，我们常假设界面内的溶质分布处于稳态(steady state)，此时控制方程需满足：

$$\frac{\partial(vy_i-J_iV_m)}{\partial x}=0 \tag{4-13}$$

其中，v 为界面移动速率。结合边界条件 $\frac{(vy_i^\alpha)}{\partial x}=0$，以及将式(4-10)～式(4-12)代入式(4-13)，可得

$$\frac{\partial y_{Nb}}{\partial x}+\frac{y_{Nb}(1-y_{Nb})}{RT}\frac{\partial E_{Nb}}{\partial x}+\frac{W_{int}}{RT}y_{Nb}(1-y_{Nb})\frac{\partial y_C}{\partial x}+\frac{v}{D_{Nb}^{trans.}}(y_{Nb}-y_{Nb}^\alpha)=0 \tag{4-14}$$

$$\frac{\partial y_C}{\partial x}+\frac{y_C(1-y_C)}{RT}\frac{\partial E_C}{\partial x}+\frac{W_{int}}{RT}y_C(1-y_C)\frac{\partial y_{Nb}}{\partial x}+\frac{v}{D_C^{trans.}}(y_C-y_C^\alpha)=0 \tag{4-15}$$

其中，y_{Nb}^α 与 y_C^α 分别是 Nb、C 在铁素体中的含量。$D_{Nb}^{trans.}$ 假定为常数。由

于 C 的扩散系数要比 Nb 大几个数量级，因此式(4-15)左侧的最后一项可被忽略。接着将式(4-14)和式(4-15)简化为矩阵形式：

$$\begin{bmatrix} 1 & \dfrac{W_{\text{int}}}{RT} y_{\text{C}}(1-y_{\text{C}}) \\ \dfrac{W_{\text{int}}}{RT} y_{\text{Nb}}(1-y_{\text{Nb}}) & 1 \end{bmatrix} \begin{bmatrix} \dfrac{\partial y_{\text{C}}}{\partial x} \\ \dfrac{\partial y_{\text{Nb}}}{\partial x} \end{bmatrix} = \begin{bmatrix} -\dfrac{y_{\text{C}}(1-y_{\text{C}})}{RT} \dfrac{\partial E_{\text{C}}}{\partial x} \\ -\dfrac{y_{\text{Nb}}(1-y_{\text{Nb}})}{RT} \dfrac{\partial E_{\text{Nb}}}{\partial x} - \dfrac{v}{D_{\text{Nb}}}(y_{\text{Nb}} - y_{\text{Nb}}^{\alpha}) \end{bmatrix} \tag{4-16}$$

利用 Runge-Kutta 方法对式(4-16)进行数值求解，即可获得溶质原子在给定界面移动速率下的浓度分布。最后根据式(4-17)和式(4-18)分别求得由 SDE 引起的能量耗散值(ΔG_{SDE}，J/mol)[64]及 Nb 在界面处的偏聚量(Γ_{Nb}，atom/nm^2)：

$$\Delta G_{\text{SDE}} = \frac{V_{\text{m}}}{v} \int_{-\delta}^{+\delta} J_{\text{Nb}} \frac{\mathrm{d}\Delta\mu}{\mathrm{d}x} \mathrm{d}x \tag{4-17}$$

$$\Gamma_{\text{Nb}} = \frac{1}{V_{\text{a}}} \int_{-\delta}^{+\delta} (y_{\text{Nb}} - y_{\text{Nb}}^{0}) \mathrm{d}x \tag{4-18}$$

其中，V_{a} 指单个铁原子的有效体积(V_{a}=0.0118 nm^3/atom)。值得注意的是，由于式(4-17)的积分路径只局限在界面内，因此所得 ΔG_{SDE} 并不包含 Nb 在界面奥氏体一侧扩散而引起的能量损耗(ΔG_{spike})。

4.4.3.2　与实验值的对比分析

表 4.10 总结了模拟所用的各项参数。ΔE_{C} 和 ΔE_{Nb} 由 ThermoCalc 计算得到。界面内的 Nb-C 交互作用系数因其数值目前尚不可知，本节将尝试使用其他相中的 W 值来代替，如液体 $W_{\text{L}}=-127$ kJ/mol、铁素体 $W_{\alpha}=-107$ kJ/mol、奥氏体 $W_{\gamma}=-331$ kJ/mol，以及两者平均值$(W_{\gamma}+W_{\alpha})/2=-219$ J/mol。所有数据均可从 Thermo-Calc 的 TCFE9 数据库中提取获得。然而前期计算发现，当所用 W_{int} 的绝对值过大时(如 W_{γ}、$(W_{\gamma}+W_{\alpha})/2$)，数值模拟将出现发散。为此，本工作选取了绝对值较小的 W_{L} 作为 Nb-C 在界面内的交互作用系数，其原因是，移动的非共格界面与液体均具有无理的位向关系，进而推测两者在物理化学性质上可能相近。E_{C}^{0} 取自文献[63]；E_{Nb}^{0}、2δ 及 $D_{\text{Nb}}^{\text{trans.}}$ 为拟合参数，将在后文讨论；y_{C}^{α} 是与奥氏体满足

准平衡条件下的铁素体中 C 含量；y_{Nb}^{α} 是 3DAP 测得的铁素体中固溶 Nb 含量。计算将在无量纲的界面移动速率下进行，$V_{\mathrm{norm}}=\dfrac{v\delta}{D_{\mathrm{Nb}}^{\mathrm{trans.}}}$。

表 4.10　本工作模拟所用的各项参数

变　量		数　值		
		825℃	**800℃**	**750℃**
ΔE_{C}/(kJ/mol)		−15.4	−15.5	−16.3
ΔE_{Nb}/(kJ/mol)		0.8	−0.1	−1.4
$W_{\mathrm{Nb-C}}$/(kJ/mol)		−127		
E_{C}^{0}/(kJ/mol)		10[63]		
E_{Nb}^{0}/(kJ/mol)		50		
2δ/nm		4		
$D_{\mathrm{Nb}}^{\mathrm{trans.}}$		D_{α}[134]	$0.8D_{\alpha}$	$6D_{\alpha}$
y_{C}^{α}		4.4×10^{-4}	5.6×10^{-4}	7.8×10^{-4}
$y_{\mathrm{Nb}}^{\alpha *}$	0.03Nb	1.1×10^{-4}	1.0×10^{-4}	1.2×10^{-4}
	0.06Nb	1.3×10^{-4}	1.6×10^{-4}	1.5×10^{-4}

* 为简化分析，此处仅使用相变初期的实验数据(见表 4.7)。

以 0.03Nb 合金在 825℃转变为例，图 4.40 给出了 SDE 模型的模拟结果。图中实线和虚线分别表示 W_{int} 为−127 kJ/mol 和 0 kJ/mol 时的计算结果，旨在讨论 Nb-C 交互作用对偏聚行为的影响。结果表明，Nb 偏聚量随界面移动速率的减小和基体 Nb 浓度的升高而增加(见图 4.40(a))，且 Nb-C 间的强相互吸引作用诱导了更多的 Nb 原子向界面处偏聚。至于 C，其偏聚量也随着界面移动速率的减小和基体 Nb 浓度的增加而增加(见图 4.40(c))，这是因为，当考虑 Nb-C 间的相互作用时，界面处富集的 Nb 原子同样会促进 C 的偏聚，即发生了共偏聚现象。图 4.40(b)和(d)分别给出了 ΔG_{SDE}、Γ_{Nb} 与 V_{norm} 之间的函数关系，并讨论了 E_{Nb}^{0} 的影响。显然，过大和过小的界面移动速率均无法产生显著的溶质拖曳效应，只有在中间移动速率($V_{\mathrm{norm}}=1$)下，能量耗散值达到最大，且该值随着 E_{Nb}^{0} 和基体 Nb 含量的升高而增大。此外，Nb-C 之间存在的相互吸引力同样会使 ΔG_{SDE} 值增加。对于 Γ_{Nb}，其值随着界面移动速率的减小而单调增加，直至在低速时达到饱和。当考虑 Nb-C 间的相互作用或提升 E_{Nb}^{0} 和基体 Nb 含量时，该饱和值将增大。

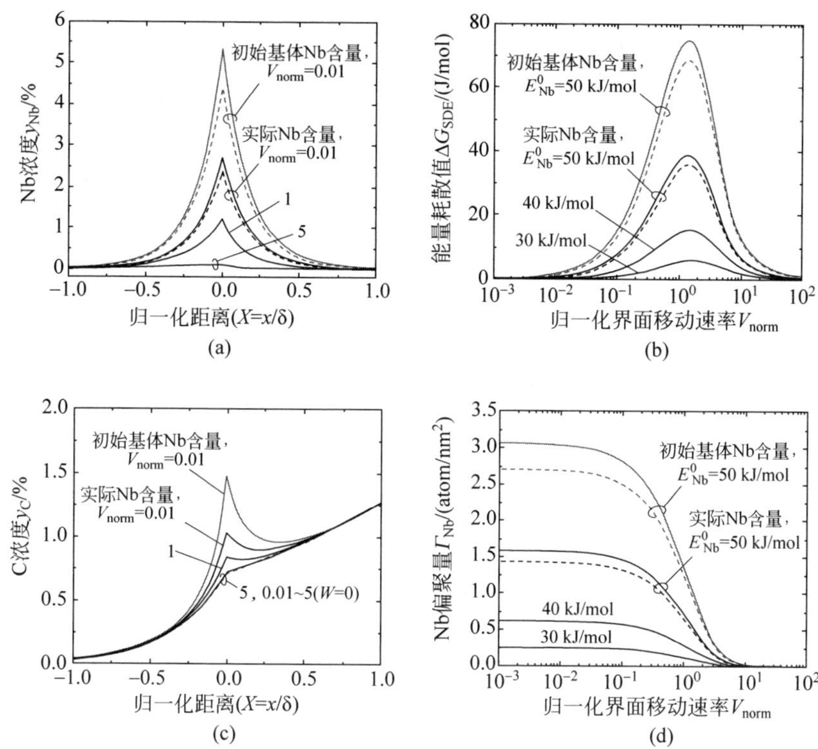

图 4.40　SDE 模型的计算结果(以 0.03Nb 合金的 825℃ 相变为例)

图中实线和虚线分别代表是否考虑 Nb-C 界面内交互作用的模拟结果

(a)、(c) 分别是不同界面移动速率下，Nb 和 C 在 α/γ 界面内的浓度分布；

(b)、(d) 分别是 ΔG_{SDE} 与 Γ_{Nb} 随界面移动速率的变化关系

本工作从实验中已测得了 Nb 偏聚量、能量耗散值和界面移动速率，下一步将用 SDE 模型定量分析这些物理参数间的关系。图 4.41 给出了 ΔG_{SDE} 随 Γ_{Nb} 的变化关系，并与 825℃ 非共格界面的实验数据作对比。由图 4.41(a)可知，当使用 $E^0_{Nb}=50$ kJ/mol 时，模拟结果与两种合金的实验数据吻合较好；而当忽略 Nb-C 间的交互作用时，ΔG_{SDE} 和 Γ_{Nb} 值均会有所减小(见图中虚线)，此时需要更大的 E^0_{Nb}，如 52 kJ/mol，才能再现实验结果。对比前人的第一性原理计算和相关实验结果可知，Nb 在晶界[75,157-158]和相界面[3,69-70,159]的偏聚能在 28.9～48 kJ/mol 的范围内，与本工作的拟合值 E^0_{Nb}(50 kJ/mol)相近，表明这种拟合方式在一定程度上是合理的。

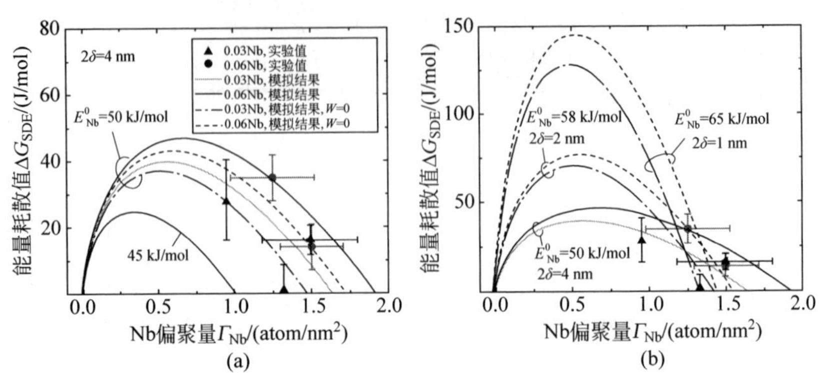

图 4.41　两种含 Nb 合金在 825℃ 下 ΔG_{SDE} 随 Γ_{Nb} 的变化关系及对应的 SDE 模拟结果

(a) 检验 E_{Nb}^{0} 拟合值的合理性；(b) 检验 2δ 拟合值的合理性

除了偏聚能外，界面厚度是另一个重要拟合参数。本研究将界面厚度设为 4 nm 时能较好地拟合出实验结果(见图 4.41(a))，但该值远比文献中的常用值要大，如两个原子层厚[60]、0.5 nm[61,133]、1 nm[69-70,160]，甚至近期报道的 2 nm[7]。图 4.41(b)对比分析了使用不同界面厚度后的模拟结果，发现当界面厚度设为 2 nm 或 1 nm 时，需要极大的 E_{Nb}^{0} 值(58 kJ/mol 或 65 kJ/mol)才能重现实验结果；同时，随着界面厚度的减小，ΔG_{SDE} 与 Γ_{Nb} 之间的变化关系趋于剧烈，导致拟合质量愈加不佳。因此，设定 2δ 值小于 4 nm 将不足以解释当前结果。近年来，第一性原理计算被广泛用于溶质偏聚厚度的分析。结果显示，Nb 在静态 Σ5 晶界[157]和共格 α/γ 界面[3]上的富集厚度分别为 0.45 nm 和 0.8 nm，接近界面的实际物理厚度。相比之下，non K-S 界面的共格性较差，在移动过程中往往会失去紧密堆积的结构特征，进而表现出更宽的偏聚层。Maruyama 等[75]对静止大角度晶界处的 Nb 偏聚行为进行了深入分析，他们发现，即使在排除 3DAP 仪器误差(artefact)的情况下，Nb 的偏聚宽度也可达到 1～2 nm，其可能原因是界面附近存在的局部应力场使 Nb 原子偏聚向晶界两侧扩展了几个原子层。此外，Nb-C 之间极强的相互吸引作用易使偏聚进一步宽化，这可能是 Nb 的偏聚层比 Mo(2 nm)宽的一个重要原因。综上，用 $2\delta=4$ nm 来表示移动非共格界面处的 Nb 偏聚厚度并非不合理。

图 4.42 分析了 ΔG_{SDE} 随 v 的变化关系，并与各温度下的实验数据作对比。计算采用与前文相同的偏聚能和界面厚度，只有跨界面扩散系数($D_{Nb}^{trans.}$)是拟合参数。遗憾的是，有关 $D_{Nb}^{trans.}$ 的实验数据至今未见报道。

Suehiro 等[69]曾尝试将 Nb 在铁素体中体扩散系数的 10 倍作为 $D_{Nb}^{trans.}$，即 $10D_{\alpha}$（其中 D_{α} 引用自文献[134]，它也将被用于本工作的计算）；Okamoto 等[159]则提出了一种 Arrhenius 公式，他们假设 $D_{Nb}^{trans.}$ 的扩散激活能与晶界扩散相同，并通过拟合实验数据得到了指前因子。相比之下，采用 $D_{Nb}^{trans.} \approx D_{\alpha}$ 所计算的模拟结果与本工作在 825℃与 800℃时获得的实验数据符合较好，如图 4.42(a)和(b)所示，类似结果也出现在含 Mo 体系中[7]；而当温度降至 750℃时，只有取 $D_{Nb}^{trans.} \approx 6D_{\alpha}$ 才能较好地拟合实验结果(见图 4.42(c))。值得注意的是，在 750℃时，界面本征率对 ΔG_m 值的估算影响较大，从而会间接影响 $D_{Nb}^{trans.}$ 值的拟合。如图 4.42(d)所示，当采用文献[115]的界面本征迁移率后，两种合金的 ΔG_{SDE} 估算值因 ΔG_m 值的减小均有所增大(尤其是在相变早期)，此时 $D_{Nb}^{trans.}=6D_{\alpha}$ 的计算结果虽然还能粗略地重现相变后

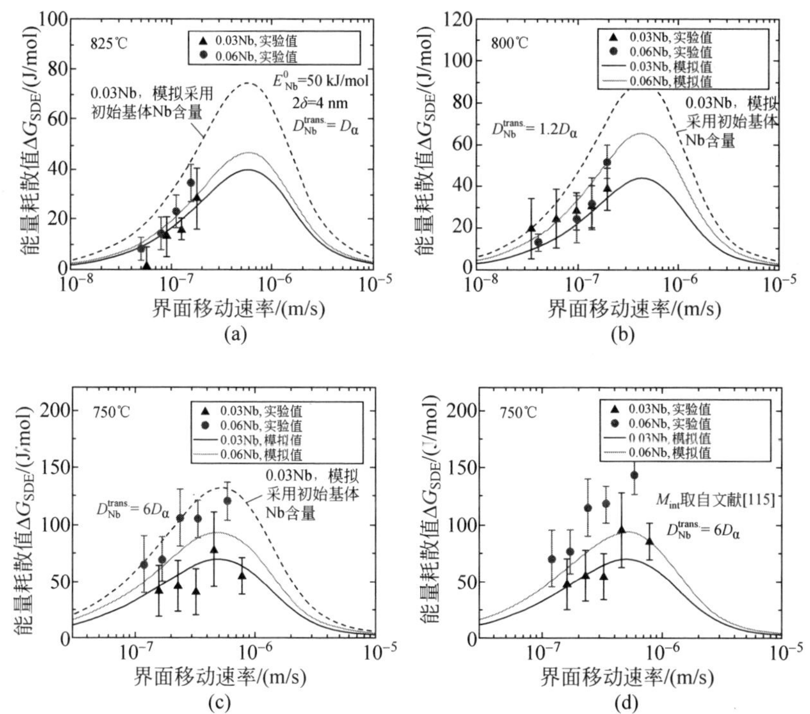

图 4.42　两种含 Nb 合金在不同温度下 ΔG_{SDE} 随 v 的变化关系及对应的 SDE 模拟结果

此时的实验值由总能量耗散值减去 ΔG_{PF} 和用文献[115]的 M_{int} 值估算得到的 ΔG_m 得到

虚线表示 0.03Nb 合金采用初始基体 Nb 含量时的模拟结果

(a) 825℃；(b) 800℃；(c) 750℃；(d) 750℃

期的实验数据，但却显著低估了相变早期的数据，且无论如何调整 $D_{Nb}^{trans.}$ 均无法给出令人满意的拟合结果。这也间接反映了由式(2-9)给出的 M_{int} 比文献[115]可能更适用于本工作中 ΔG_m 值的估算。

图 4.43 给出了 $D_{Nb}^{trans.}$ 的对数值随温度倒数的变化关系，并将上述拟合值与不同文献采用的跨界面扩散系数作对比[59-60,69,133,159]。由于目前仅有文献[134]和文献[161]两篇文献提供了 Nb 在铁素体、奥氏体(D_γ)及沿着晶界的扩散系数(D_{gb})数据，且不同文献的 D_γ 和 D_{gb} 值存在一定差距，因此它们将被分别用来分析跨界面扩散系数，如图 4.43(a)和(b)所示。结果表明，不管采用哪篇文献的扩散数据，拟合得到的 $D_{Nb}^{trans.}$ 值均与相应的 D_α 值相当(差距在一个数量级内)，且远小于 Nb 沿着晶界的扩散系数，可能的原因如下：溶质原子跨过界面的扩散系数在物理上需由原子从铁素体一侧跃迁到界面处、从界面处跃迁到奥氏体一侧及在界面内的扩散共同控制，因此在数学上，$D_{Nb}^{trans.}$ 理应是一个与界面位置有关的物理参数，即在靠近铁素体和奥氏体端的扩散系数与其接触相较为接近，而在界面内的扩散系数则与晶界处相当；相比之下，本工作假设的 $D_{Nb}^{trans.}$ 是一个不依赖界面位置的常数，故其拟合值反映了 Nb 穿过 α/γ 界面的平均扩散水平，从而可能得到与 D_α 值接近但远比 D_{gb} 小的分析结果。此外，前人还提出了 $\sqrt[2]{D_\alpha D_\gamma}$[60]、$\sqrt[3]{D_\alpha D_\gamma D_{gb}}$[133] 等形式的跨界面扩散系数来表示 $D_{Nb}^{trans.}$，但这些值受 Nb 扩散系数取值的影响较大。例如，对于 $\sqrt[3]{D_\alpha D_\gamma D_{gb}}$，当使用文献[134]中的扩散系数时，它与 825℃ 和 800℃ 时的拟合值符合较好(见图 4.43(a))；

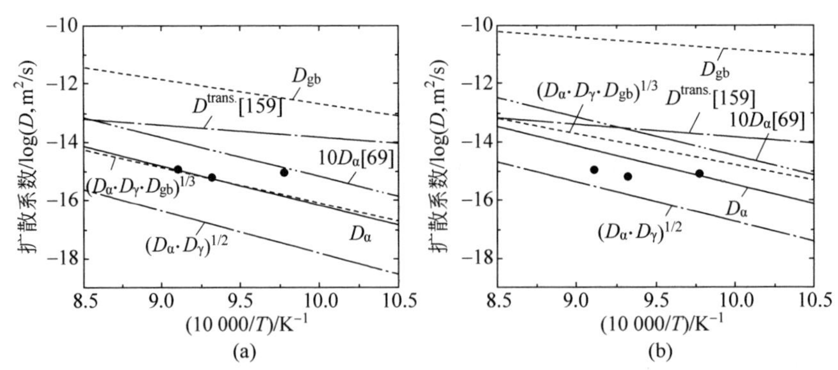

图 4.43　$D_{Nb}^{trans.}$ 的对数值随温度倒数的变化关系

(a) 采用文献[134]中的 Nb 扩散系数；(b) 采用文献[161]中的 Nb 扩散系数

而当换用文献[161]中的扩散系数时，两者间则出现了显著偏离(见图 4.43(b))。关于使用此类数学处理来描述元素跨界面扩散系数的方式还有待进一步斟酌。值得注意的是，本工作中得到的 $D_{\mathrm{Nb}}^{\mathrm{trans.}}$ 值随温度的变化程度较小，这种温度依赖性与 Nb 沿着晶界的自扩散系数相似，表明 Nb 穿过界面的平均扩散激活能可能与其沿着晶界的扩散激活能相当。

4.4.4　相间析出对界面迁移动力学的影响

如绪论中所述，相间析出是一种涉及元素偏聚、纳米相析出及界面迁移的高度耦合过程。但鉴于理论分析的复杂性，有关相间析出对界面迁移动力学的影响的研究至今鲜有报道。本节将从溶质拖曳效应与 C 浓度消耗角度出发，对该问题进行阐述。

根据表 4.7 中的 3DAP 结果可知，相间析出 NbC 可显著减少固溶于界面铁素体一侧的 Nb 含量，降低 Nb 偏聚量，从而削弱溶质拖曳效应。以 0.03Nb 合金为例，图 4.42 对比分析了实验值与用初始基体 Nb 浓度计算的模拟值(如黑色虚线所示)。显然，NbC 的析出使实验值显著低于理论预测值，再次证实了相间析出在元素偏聚和溶质拖曳方面起着重要作用。然而，这一结论与 Bréchet 等[110]的早期研究结果相反。他们通过脱碳实验对 Fe-0.55C-0.035Nb(以质量计，%)合金进行研究，发现 NbC 析出对铁素体长大动力学几乎无影响，而造成此结果的原因可能有两个：①NbC 相间析出所引起的钉扎力较小；②所选用合金的基体 C 含量过高及退火时间过长，导致大部分固溶 Nb 原子以粗大 NbC 的形式从奥氏体中析出，降低了可用 Nb 含量，从而显著削弱了溶质拖曳效应。

除了对 Nb 偏聚的影响外，相间析出还能通过消耗界面处的 C 来加速界面迁移，但因 C 原子的扩散速率极快，界面处被消耗的 C 又能由从铁素体一侧排至奥氏体一侧的 C 得到迅速补充，因此相间析出促进界面移动的本质原因是减少了未转变奥氏体中的 C 富集量，加大了 C 扩散的浓度梯度。对于本工作中的两种合金，以 0.06Nb 为例，因 NbC 全部析出而消耗的 C 含量仅为 0.0079%(以质量计)，这远小于 0.075%(以质量计)的基体 C 浓度，由此推测，NbC 相间析出对界面迁移的促进作用可忽略不计。

此外，值得说明的是，由于 Nb-C 之间存在着强交互作用，使得在用初始基体 Nb 含量进行 SDE 模拟时很容易出现数值发散问题，而这在物理上对应于元素在界面内的化学上坡扩散。Miyamoto 等[7]指出，化学上坡扩散可能是相间析出发生的另一个重要机制，它将导致 C 与碳化物形成元素在某时刻的界面内急剧富集，从而诱导碳化物析出。毋庸置疑，本工作目前的实验结果为上述推测提供了有力支持，但有关化学上坡扩散与相间析出动力学及其微观组织参数间的物理联系尚不清晰，有待做进一步的实验和理论研究。

4.5 本章小结

本章结合界面多尺度表征手段和理论计算，系统研究了 Fe-0.01C-(0.03, 0.06)Nb 两种模型合金中 Nb 界面偏聚对铁素体长大动力学的影响，结论如下。

(1) 微量 Nb 的添加可显著抑制铁素体长大动力学，且提高 Nb 含量能加剧其在 750℃的抑制效果，但对 825℃和 800℃的结果影响不大。晶界铁素体是含 Nb 合金在各温度下的主要相变产物，而在 Base 合金中还存在魏氏体铁素体，且随着温度的降低其比例迅速升高。

(2) 晶界铁素体的生长主要依赖 non K-S 界面的迁移。此界面处的能量耗散值随着等温时间的延长和相变温度的升高而减小。相比于 K-S 界面，Nb 原子更倾向在 non K-S 界面处偏聚，且偏聚量随着等温时间的延长而增加。此外，提高基体 Nb 含量或降低相变温度并未使 Nb 偏聚量得到显著提升。

(3) 由溶质拖曳效应所引起的能量耗散可通过扣除总能量耗散中的其他因素(如钉扎力、界面摩擦等)来进行评估。利用参数优化后的溶质拖曳模型能较好地描述 Nb 偏聚量、能量耗散值及界面迁移速率间的物理联系。因此，溶质拖曳效应被认为是造成铁素体长大动力学变缓的主要原因。

(4) 通过对比实验值与溶质拖曳理论的计算值发现，Nb 的跨界面扩散系数与其在铁素体基体内的体扩散系数相近，但远小于 Nb 沿着晶界的扩散系数。

(5) 相间析出 NbC 通过消耗铁素体中的固溶 Nb 含量来削弱溶质拖曳效应，从而改变相变动力学。相比之下，它对界面的钉扎作用则非常有限。

第5章　结论与创新点

5.1　结　　论

本书结合实验和理论计算系统研究了合金元素偏聚与析出对 α/γ 界面迁移行为的影响。通过直接测定 Fe-C 二元体系中晶界铁素体与魏氏体铁素体的界面处 C 浓度及其界面迁移速率，定量估算了非共格相界面和半共格相界面的本征迁移率；基于循环相变热处理工艺，巧妙实现了纳米相间析出碳化物与移动 α/γ 界面间的交互作用，阐明了其钉扎本质；最后结合界面多尺度表征手段与溶质拖曳理论，定量揭示了 Nb 偏聚量、界面处能量耗散与界面移动速率间的物理联系，并探讨了相间析出对相变动力学的复杂影响。全书结论如下。

(1) 半共格界面的本征迁移率比非共格界面约小一个数量级，后者与温度的关系近似遵循 Arrhenius 关系；伴随魏氏体铁素体切变长大产生的能量耗散值约为 20 J/mol，其对界面移动速率的影响远小于本征迁移率；相比之下，重构型铁素体相变过程中因体应变而产生的能量耗散则可忽略不计。

(2) 循环相变过程中起始奥氏体(或铁素体)相变温度的滞后源于相间析出 NbC 对相界面的钉扎效应。GEB 模型的定量估算表明，相间析出 NbC 对 α→γ 和 γ→α 的阻碍作用分别为 15 J/mol 和 5 J/mol，这种差异可能与循环相变过程中碳化物与基体的界面共格性转变及碳化物粗化有关。用经典 Zener 及其修正公式预测的钉扎力与本工作结果在同一个数量级，表明经典 Zener 理论在定量分析碳化物与相界面的交互作用方面依然具有可期的应用前景。

(3) 微量 Nb 的添加可显著抑制铁素体长大动力学。对于晶界铁素体，其生长主要通过 non K-S 界面的迁移来完成；在相变初期，含 Nb 合金的界面处 C 浓度远低于平衡值，且随着等温时间的延长而逐渐增加，对应于能量耗散值则随着时间的延长而逐渐减小；降低相变温度可显著降低界面处 C 浓度及增加能量耗散；相比于共格性较好的 K-S 界面，Nb 原子更倾向在共格性较差的 non K-S 界面处偏聚，且偏聚量随着等温时间的延长而增加；提高基体 Nb 含量或降低相变温度并未使 Nb 偏聚量得到显著提升。

(4) 利用参数优化之后的溶质拖曳模型能较好地描述 Nb 偏聚量、界面处能量耗散及界面移动速率间的物理关系，由此确定溶质拖曳效应是造成含 Nb 合金中铁素体长大变缓的主要原因；Nb 在 750～825℃温度区间内的跨界面扩散系数与其在铁素体中的体扩散系数接近，但远小于 Nb 沿着晶界的扩散系数；相间析出 NbC 可通过消耗铁素体中固溶 Nb 含量来削弱溶质拖曳效应，从而改变相变动力学，而它们对界面的钉扎作用则非常有限。

5.2 创新点

(1) 本工作以 Fe-C 二元模型合金为研究对象，聚焦界面结构对本征迁移率的影响，通过直接测定晶界铁素体和魏氏体铁素体的界面处 C 含量及其界面移动速率，首次导出了非共格和半共格相界面的本征迁移率大小，丰富了固态相变理论，有望为工业用钢的组织设计和性能调控提供理论指导。

(2) 本工作基于循环相变思想，巧妙设计热处理工艺，成功实现了相间析出 NbC 与来回迁移相界面的交互作用，并结合吉布斯自由能守恒模型定量估算了碳化物的钉扎效应，阐明了其物理本质。

(3) 合金元素偏聚与析出是一个复杂热动力学耦合过程，澄清其对 α/γ 界面迁移行为的影响对于科学与工业界具有双重意义。本工作以 Fe-C-Nb 三元模型合金为研究对象，利用界面多尺度表征手段，首次测定了 Nb 偏聚量、界面处能量耗散及界面迁移速率等关键参数，并结合溶质拖曳理论对比揭示了三者之间的物理联系，同时阐明了相间析出对界面迁移的影响。

参考文献

[1] Ohmori Y, Ohtani H, Kunitake T. The bainite in low carbon low alloy high strength steels[J]. Tetsu-to-Hagane, 1971, 57(10): 1690-1705.

[2] Militzer M. Challenges in modeling the overall austenite decomposition kinetics[C]. Chicago, Illinois, USA: Proceedings of the Symposium on the Thermodynamics, Kinetics, Characterization and Modeling of Austenite Formation and Decomposition, 2003.

[3] Jin H, Elfimov I, Militzer M. First-principles simulations of binding energies of alloying elements to the ferrite-austenite interface in iron[J]. Journal of Applied Physics, 2018, 123(8): 085303.

[4] Cahn J. The impurity-drag effect in grain boundary motion[J]. Acta Metallurgica, 1962, 10(9): 789-798.

[5] Purdy G R, Brechet Y J M. A solute drag treatment of the effects of alloying elements on the rate of the proeutectoid ferrite transformation in steels[J]. Acta Metallurgica et Materialia, 1995, 43(10): 3763-3774.

[6] Aaronson H, Reynolds W, Purdy G. Coupled-solute drag effects on ferrite formation in Fe-C-X systems[J]. Metallurgical and Materials Transactions A, 2004, 35(4): 1187-1210.

[7] Miyamoto G, Yokoyama K, Furuhara T. Quantitative analysis of Mo solute drag effect on ferrite and bainite transformations in Fe-0. 4C-0. 5Mo alloy[J]. Acta Materialia, 2019, 177: 187-197.

[8] Purdy G, Ågren J, Borgenstam A, et al. ALEMI: A Ten-Year History of Discussions of Alloying-Element Interactions with Migrating Interfaces[J]. Metallurgical and Materials Transactions A, 2011, 42(12): 3703-3718.

[9] Gouné M, Danoix F, Ågren J, et al. Overview of the current issues in austenite to ferrite transformation and the role of migrating interfaces therein for low alloyed steels[J]. Materials Science and Engineering: R: Reports, 2015, 92: 1-38.

[10] Baker T N. Processes, microstructure and properties of vanadium microalloyed steels[J]. Materials Science and Technology, 2009, 25(9): 1083-1107.

[11] Dunne D P. Review: Interaction of precipitation with recrystallisation and phase transformation in low alloy steels[J]. Materials Science and Technology, 2013,

26(4): 410-420.

[12] Funakawa Y, Shiozaki T, Tomita K, et al. Development of High Strength Hot-rolled Sheet Steel Consisting of Ferrite and Nanometer-sized Carbides[J]. ISIJ International, 2004, 44(11): 1945-1951.

[13] Seto K, Funakawa Y, Kaneko S. Hot rolled high strength steels for suspension and chassis parts "NANOHITEN" and "BHT steel" [J]. JFE Tech Rep, 2007, 10: 19-25.

[14] Zajac S. Precipitation of microalloy carbo-nitrides prior, during and after γ/α transformation[J]. Materials Science Forum, 2005, 500-501: 75-86.

[15] Akben M, Bacroix B, Jonas J. Effect of vanadium and molybdenum addition on high temperature recovery, recrystallization and precipitation behavior of niobium-based microalloyed steels[J]. Acta Metallurgica, 1983, 31(1): 161-174.

[16] Wang Z, Mao X, Yang Z, et al. Strain-induced precipitation in a Ti micro-alloyed HSLA steel[J]. Materials Science and Engineering: A, 2011, 529: 459-467.

[17] Davenport A T, Honeycombe R W K. Precipitation of carbides at γ→α boundaries in alloy steels[J]. Proceedings of the Royal Society of London A: Mathematical, Physical and Engineering Sciences, 1971, 322: 191-205.

[18] Christian J W. The theory of transformations in metals and alloys[M]. Boston, USA: Newnes, 2002.

[19] Offerman S, Van Dijk N, Sietsma J, et al. Grain nucleation and growth during phase transformations[J]. Science, 2002, 298(5595): 1003-1005.

[20] Jeon S, Heo T, Hwang S Y, et al. Reversible disorder-order transitions in atomic crystal nucleation[J]. Science, 2021, 371(6528): 498-503.

[21] Hillert M. Phase equilibria, phase diagrams and phase transformations: their thermodynamic basis[M]. Cambridge: Cambridge University Press, 1998.

[22] Zener C. Decomposition of Austenite by Diffusional[J]. J Appl Phys, 1949, 20: 950.

[23] Purdy G R, Kirkaldy J. Kinetics of proeutectoid ferrite reaction at an incoherent interface, as determined by a diffusion couple [J]. Transactions of the Metallurgical Society of AIME, 1963, 227(6): 651-658.

[24] Kinsman K, Aaronson H. Influence of Al, Co, and Si upon the kinetics of the proeutectoid ferrite reaction[J]. Metallurgical Transactions, 1973, 4(4): 959-967.

[25] Béché A, Zurob H S, Hutchinson C R. Quantifying the solute drag effect of Cr on ferrite growth using controlled decarburization experiments[J]. Metallurgical and Materials Transactions A, 2007, 38(12): 2950-2955.

[26] Aaronson H I. Decomposition of Austenite by Diffusional Processes [M]. New York: Interscience Publishers, 1962.

[27] Aaronson H I. The Mechanism of Phase Transformations in Crystalline Solids

[M]. London: The Institute of Metals, 1969, 270.

[28] Hillert M. The Growth of Ferrite, Bainite and Martensite [R]. Stockholm, Sweden: Internal Report, Swedish Institute for Metal Research, 1960.

[29] Bradley J, Rigsbee J, Aaronson H. Growth kinetics of grain boundary ferrite allotriomorphs in Fe-C alloys [J]. Metallurgical Transactions A, 1977, 8(2): 323-333.

[30] Atkinson C, Aaronson H, Kinsman K, et al. On the growth kinetics of grain boundary ferrite allotriomorphs [J]. Metallurgical Transactions, 1973, 4(3): 783-792.

[31] Hillert M. Diffusion in growth of bainite [J]. Metallurgical and Materials Transactions A, 1994, 25(9): 1957-1966.

[32] Hillert M, Höglund L, Ågren J. Role of carbon and alloying elements in the formation of bainitic ferrite [J]. Metallurgical and Materials Transactions A, 2004, 35(12): 3693-3700.

[33] Hillert M. Solute drag, solute trapping and diffusional dissipation of Gibbs energy1[J]. Acta Materialia, 1999, 47(18): 4481-4505.

[34] Aaronson H, Domian H. Partition of alloying elements between austenite and proeutectoid ferrite or bainite [J]. Transactions of the Metallurgical Society of AIME, 1966, 236(5): 781-796.

[35] Kobayashi H, Kaji H, Kasamatsu Y. Influence of Nb and V on the proeutecteoid ferrite reaction in low carbon high strength steels [J]. Tetsu-to-Hagane, 1981, 67(14): 2191-2200.

[36] Hultgren A. Isothermal transformation of austenite [J]. Transactions of the American Society for Metals, 1947, 39: 915-1005.

[37] Enomoto M, Aaronson H I. Derivation of general conditions for paraequilibrium in multi-component systems[J]. Scripta Metallurgica, 1985, 19(1): 1-3.

[38] Hillert M, Ågren J. On the definitions of paraequilibrium and orthoequilibrium [J]. Scripta Materialia, 2004, 50(5): 697-699.

[39] Coates D. Diffusion-controlled precipitate growth in ternary systems I [J]. Metallurgical Transactions, 1972, 3(5): 1203-1212.

[40] Coates D. Diffusion controlled precipitate growth in ternary systems: II [J]. Metallurgical Transactions, 1973, 4(4): 1077-1086.

[41] Bradley J, Aaronson H. Growth kinetics of grain boundary ferrite allotriomorphs in Fe-C-X alloys[J]. Metallurgical transactions A, 1981, 12(10): 1729-1741.

[42] Purdy G, Weichert D, Kirkaldy J. Growth of proeutectoid ferrite in ternary iron-caron-manganese austenites [J]. Transactions of the Metallurgical Society of AIME, 1964, 230(5): 1025.

[43] Phillion A, Zurob H, Hutchinson C, et al. Studies of the influence of alloying

elements on the growth of ferrite from austenite under decarburization conditions: Fe-C-Nl alloys[J]. Metallurgical and Materials Transactions A,2004,35(4): 1237-1242.

[44] Hutchinson C,Zurob H,Brechet Y. The growth of ferrite in Fe-CX alloys: The role of thermodynamics,diffusion,and interfacial conditions[J]. Metallurgical and Materials Transactions A,2006,37(6): 1711-1720.

[45] Qiu C,Zurob H S,Panahi D,et al. Quantifying the solute drag effect on ferrite growth in Fe-C-X alloys using controlled decarburization experiments [J]. Metallurgical and Materials Transactions A,2012,44(8): 3472-3483.

[46] Zurob H S,Hutchinson C R,Béché A,et al. A transition from local equilibrium to paraequilibrium kinetics for ferrite growth in Fe-C-Mn: A possible role of interfacial segregation[J]. Acta Materialia,2008,56(10): 2203-2211.

[47] Zurob H S,Hutchinson C R,Bréchet Y,et al. Kinetic transitions during non-partitioned ferrite growth in Fe-C-X alloys[J]. Acta Materialia,2009,57(9): 2781-2792.

[48] Chen H,Appolaire B,Van Der Zwaag S. Application of cyclic partial phase transformations for identifying kinetic transitions during solid-state phase transformations: Experiments and modeling[J]. Acta Materialia,2011,59(17): 6751-6760.

[49] Chen H,Van Der Zwaag S. An overview of the cyclic partial austenite-ferrite transformation concept and its potential [J]. Metallurgical and Materials Transactions A,2016,48(6): 2720-2729.

[50] Chen H,Gamsjäger E,Schider S,et al. In situ observation of austenite-ferrite interface migration in a lean Mn steel during cyclic partial phase transformations [J]. Acta Materialia,2013,61(7): 2414-2424.

[51] Chen H,Kuziak R,Van Der Zwaag S. Experimental evidence of the effect of alloying additions on the stagnant stage length during cyclic partial phase transformations[J]. Metallurgical and Materials Transactions A,2013,44(13): 5617-5621.

[52] Chen H,Van Der Zwaag S. Analysis of ferrite growth retardation induced by local Mn enrichment in austenite created by prior interface passages [J]. Acta Materialia,2013,61(4): 1338-1349.

[53] Liu Z Q,Miyamoto G,Yang Z G,et al. Direct measurement of carbon enrichment during austenite to ferrite transformation in hypoeutectoid Fe-2Mn-C alloys[J]. Acta Materialia,2013,61(8): 3120-3129.

[54] Xia Y,Miyamoto G,Yang ZG,et al. Effects of Mo on carbon enrichment during proeutectoid ferrite transformation in hypoeutectoid Fe-C-Mn alloys [J]. Metallurgical and Materials Transactions A,2015,46(6): 2347-2351.

[55] Xia Y, Miyamoto G, Yang Z G, et al. Direct measurement of carbon enrichment in the incomplete bainite transformation in Mo added low carbon steels[J]. Acta Materialia, 2015, 91: 10-18.

[56] Wu H D, Miyamoto G, Yang Z G, et al. Incomplete bainite transformation in Fe-Si-C alloys[J]. Acta Materialia, 2017, 133: 1-9.

[57] Wu H D, Miyamoto G, Yang Z G, et al. Carbon enrichment during ferrite transformation in Fe-Si-C alloys[J]. Acta Materialia, 2018, 149: 68-77.

[58] Liu ZQ, Miyamoto G, Yang ZG, et al. Carbon enrichment in austenite during bainite transformation in Fe-3Mn-C alloy [J]. Metallurgical and Materials Transactions A, 2015, 46(4): 1544-1549.

[59] Odqvist J, Hillert M, Ågren J. Effect of alloying elements on the γ to α transformation in steel. I[J]. Acta Materialia, 2002, 50(12): 3213-3227.

[60] Zurob H S, Panahi D, Hutchinson C R, et al. Self-consistent model for planar ferrite growth in Fe-C-X alloys[J]. Metallurgical and Materials Transactions A, 2012, 44(8): 3456-3471.

[61] Chen H, Van Der Zwaag S. A general mixed-mode model for the austenite-to-ferrite transformation kinetics in Fe-C-M alloys[J]. Acta Materialia, 2014, 72: 1-12.

[62] Lücke K, Detert K. A quantitative theory of grain-boundary motion and recrystallization in metals in the presence of impurities[J]. Acta Metallurgica, 1957, 5(11): 628-637.

[63] Enomoto M. Influence of solute drag on the growth of proeutectoid ferrite in Fe-C-Mn alloy[J]. Acta Materialia, 1999, 47(13): 3533-3540.

[64] Hillert M, Sundman B. A treatment of the solute drag on moving grain boundaries and phase interfaces in binary alloys [J]. Acta Metallurgica, 1976, 24 (8): 731-743.

[65] Hillert M, Odqvist J, Ågren J. Comparison between solute drag and dissipation of Gibbs energy by diffusion[J]. Scripta Materialia, 2001, 45(2): 221-227.

[66] Boswell P G, Kinsman K R, Shiflet G J, et al. Ferrite morophtolgy and allotriomorphic thickening kinetics round the bay region, mainly in Fe-C-2 w/o Mo alloys, and the three definitions of bainite[C]. Warrendale, PA: Proceedings of the Mechanical Properties and Phase Transformations in Engineering Materials, 1986.

[67] Chen H, Yang Z, Zhang C, et al. On the transition between grain boundary ferrite and bainitic ferrite in Fe-C-Mo and Fe-C-Mn alloys: The bay formation explained [J]. Acta Materialia, 2016, 104: 62-71.

[68] Togashi F, Nishizawa T. Effect of alloying elements on the mobility of ferrite/austenite interface[J]. Journal of the Japan Institute of Metals and Materials,

1976,40(1): 12-21.

[69] Suehiro M, Liu Z-K, Ågren J. Effect of niobium on massive transformation in ultra low carbon steels: a solute drag treatment[J]. Acta Materialia, 1996, 44(10): 4241-4251.

[70] Jia T, Militzer M. The effect of solute Nb on the austenite-to-ferrite transformation[J]. Metallurgical and Materials Transactions A, 2014, 46(2): 614-621.

[71] Fletcher H, Garratt-Reed A, Aaronson H, et al. A STEM method for investigating alloying element accumulation at austenite-ferrite boundaries in an Fe-C-Mo alloy[J]. Scripta Materialia, 2001, 45(5): 561-567.

[72] Enomoto M, Maruyama N, Wu K, et al. Alloying element accumulation at ferrite/austenite boundaries below the time-temperature-transformation diagram bay in an Fe-C-Mo Alloy[J]. Materials Science and Engineering: A, 2003, 343(1-2): 151-157.

[73] Humphreys E, Fletcher H, Hutchins J, et al. Molybdenum accumulation at ferrite: austenite interfaces during isothermal transformation of an Fe-0.24 pct C-0.93 pct Mo alloy[J]. Metallurgical and Materials Transactions A, 2004, 35(4): 1223-1235.

[74] Van Landeghem H P, Langelier B, Gault B, et al. Investigation of solute/interphase interaction during ferrite growth[J]. Acta Materialia, 2017, 124: 536-543.

[75] Maruyama N, Smith G D W, Cerezo A. Interaction of the solute niobium or molybdenum with grain boundaries in α-iron[J]. Materials Science and Engineering: A, 2003, 353(1-2): 126-132.

[76] Lejcek P. Grain boundary segregation in metals[M]. Berlin: Springer Science & Business Media, 2010.

[77] Miyamoto G, Iwata N, Takayama N, et al. Mapping the parent austenite orientation reconstructed from the orientation of martensite by EBSD and its application to ausformed martensite[J]. Acta Materialia, 2010, 58(19): 6393-6403.

[78] Zhang Y J, Interphase precipitation of nanosized alloy carbides in low carbon steels [D]. Sendai-shi, Japan: Tohoku University, 2016.

[79] Gray J M, Yeo R B G. Niobium carbonitride precipitation in low-alloy steels with particular emphasis on precipitate-row formation [J]. Transactions of the Metallurgical Society of AIME, 1968, 61: 255-269.

[80] Honeycombe R W K, Mehl R F. Transformation from austenite in alloy steels [J]. Metallurgical Transactions A, 1976, 7(7): 915-936.

[81] Smith R M, Dunne D P. Structural aspects of alloy carbonitride precipitation in

microalloyed steels[J]. Materials Forum,1988,11: 166-181.

[82] Funakawa Y. Interface Precipitation and Application to Practical Steels [J]. Journal of the Japan Institute of Metals and Materials,2017,81(10): 447-457.

[83] Berry F G,Honeycombe R W K. The isothermal decomposition of austenite in Fe-Mo-C alloys[J]. Metallurgical Transactions A,1970,1(12): 3279-3286.

[84] Barbacki A, Honeycombe R W K. Transitions in carbide morphology in molybdenum and vanadium steels[J]. Metallography,1976,9(4): 277-291.

[85] Chen M-Y, Yen H-W, Yang J-R. The transition from interphase-precipitated carbides to fibrous carbides in a vanadium-containing medium-carbon steel[J]. Scripta Materialia,2013,68(11): 829-832.

[86] Yen H W,Chen P Y,Huang C Y, et al. Interphase precipitation of nanometer-sized carbides in a titanium-molybdenum-bearing low-carbon steel [J]. Acta Materialia,2011,59(16): 6264-6274.

[87] Batte A D,Honeycombe R W K. Strengthening of ferrite by vanadium carbide precipitation[J]. Metal Science Journal,1977,11(2): 59-64.

[88] Freeman S,Honeycombe R W K. Strengthening of titanium steels by carbide precipitation[J]. Metal Science,1977,11(2): 59-64.

[89] 陈俊,吕梦阳,唐帅,等. V-Ti 微合金钢的组织性能及相间析出行为[J]. 金属学报,2014,50(5): 524-530.

[90] Mukherjee S,Timokhina I,Zhu C,et al. Clustering and precipitation processes in a ferritic titanium-molybdenum microalloyed steel [J]. Journal of Alloys and Compounds,2017,690: 621-632.

[91] Mukherjee S, Timokhina I B, Zhu C, et al. Three-dimensional atom probe microscopy study of interphase precipitation and nanoclusters in thermomechanically treated titanium-molybdenum steels [J]. Acta Materialia, 2013,61(7): 2521-2530.

[92] Zhang Y J,Miyamoto G,Shinbo K,et al. Effects of transformation temperature on VC interphase precipitation and resultant hardness in low-carbon steels[J]. Acta Materialia,2015,84: 375-384.

[93] Yen H W,Huang C Y, Yang J R. Characterization of interphase-precipitated nanometer-sized carbides in a Ti-Mo-bearing steel[J]. Scripta Materialia, 2009, 61(6): 616-619.

[94] Yen H W,Chen C Y,Wang T Y, et al. Orientation relationship transition of nanometre sized interphase precipitated TiC carbides in Ti bearing steel[J]. Materials Science and Technology,2013,26(4): 421-430.

[95] Ricks R,Howell P, Honeycombe R. The effect of Ni on the decomposition of austenite in Fe-Cu alloys [J]. Metallurgical Transactions A, 1979, 10 (8): 1049-1058.

[96] Kobayashi S, Hibaru T. Formation of the Fe2Hf Laves phase along the eutectoid-type reaction path of δ-Fe→γ-Fe+Fe2Hf in an Fe-9Cr based alloy[J]. ISIJ International, 2015, 55(1): 293-299.

[97] Kobayashi S, Kimura K, Tsuzaki K. Interphase precipitation of Fe2Hf Laves phase in a Fe-9Cr/Fe-9Cr-Hf diffusion couple[J]. Intermetallics, 2014, 46: 80-84.

[98] Shen Y S, Zdanuk E J, Krock R H. The influence of additives on the formation of periodic precipitation (Liesegang bands) in the Ag-Cd system[J]. Metallurgical Transactions, 1971, 2(10): 2839-2844.

[99] Van Rooijen V A, Van Royen E W, Vrijen J, et al. On Liesegang bands in internally oxidized AgCd-based ternary alloys[J]. Acta Metallurgica, 1975, 23(8): 987-995.

[100] Campbell K, Honeycombe R W K. The isothermal decomposition of austenite in simple chromium steels[J]. Metal Science, 1974, 8(1): 197-203.

[101] Ricks R A, Howell P R. The formation of discrete precipitate dispersions on mobile interphase boundaries in iron-base alloys[J]. Acta Metallurgica, 1983, 31(6): 853-861.

[102] Okamoto R, Borgenstam A, J. Ågre n J. Interphase precipitation in niobium-microalloyed steels[J]. Acta Materialia, 2010, 58(14): 4783-4790.

[103] Miyamoto G, Hori R, Poorganji B, et al. Crystallographic analysis of proeutectoid ferrite/austenite interface and interphase precipitation of vanadium carbide in medium-carbon steel[J]. Metallurgical and Materials Transactions A, 2013, 44(8): 3436-3443.

[104] Furuhara T, Maki T, Oishi K. Interphase boundary structure with irrational orientation relationship formed in grain boundary precipitation[J]. Metallurgical and Materials Transactions A, 2002, 33(8): 2327-2335.

[105] 董浩凯,陈浩,张弛,等. 低合金钢中纳米碳化物相间析出行为的研究进展[J]. 中国材料进展,2018(6): 403-409.

[106] Sakuma T, Honeycombe R W K. Microstructures of isothermally transformed Fe-Nb-C alloys[J]. Metal Science, 1984, 18(9): 449-454.

[107] Sakuma T, Honeycombe R W K. Effect of manganese on microstructure of an isothermally transformed Fe-Nb-C alloy[J]. Materials Science and Technology, 1985, 1(5): 351-356.

[108] Zhang Y J, Miyamoto G, Shinbo K, et al. Effects of α/γ orientation relationship on VC interphase precipitation in low-carbon steels[J]. Scripta Materialia, 2013, 69(1): 17-20.

[109] 村上俊夫. 鉄鋼材料における相界面析出に関する研究[D]. せんだいし: 東北大学,2008.

[110] Bréchet Y J, Hutchinson C R, Zurob H S, et al. Effect of Nb on ferrite

recrystallization and austenite decomposition in microalloyed steels[J]. Steel Research International, 2007, 78(3): 210-215.

[111] Sietsma J, Van Der Zwaag S. A concise model for mixed-mode phase transformations in the solid state[J]. Acta Materialia, 2004, 52(14): 4143-4152.

[112] Krielaart G P, Van Der Zwaag S. Kinetics of $\gamma \rightarrow \alpha$ phase transformation in Fe-Mn alloys containing low manganese[J]. Materials Science and Technology, 1998, 14(1): 10-18.

[113] Wits J J, Kop T A, Van Leeuwen Y, et al. A study on the austenite-to-ferrite phase transformation in binary substitutional iron alloys[J]. Materials Science and Engineering: A, 2000, 283(1): 234-241.

[114] Hillert M, Hoglund L. Mobility of α/γ phase interfaces in Fe alloys[J]. Scripta Materialia, 2006, 54(7): 1259-1263.

[115] Zhu J, Luo H, Yang Z, et al. Determination of the intrinsic α/γ interface mobility during massive transformations in interstitial free Fe-X alloys [J]. Acta Materialia, 2017, 133: 258-268.

[116] Furuhara T, Abe S Y, Miyamoto G. Anisotropic ferrite growth and substructure formation during bainite transformation in Fe-9Ni-C alloys: In-situ measurement[J]. Materials Transactions, 2018: MC201714.

[117] Furuhara T, Chiba T, Kaneshita T, et al. Crystallography and interphase boundary of martensite and bainite in steels[J]. Metallurgical and Materials Transactions A, 2017, 48(6): 2739-2752.

[118] Sato M, Murata T, Shimaya S, et al. Ferrite transformation from Fe-0. 3N austenite[J]. ISIJ International, 2021, 61(1): 343-349.

[119] Ali A, Bhadeshia H. Nucleation of Widmanstätten ferrite[J]. Materials Science and Technology, 1990, 6(8): 781-784.

[120] Gamsjäger E, Wiessner M, Schider S, et al. Analysis of the mobility of migrating austenite-ferrite interfaces[J]. Philosophical Magazine, 2015, 95(26): 1-19.

[121] Aaronson H I. Atomic mechanisms of diffusional nucleation and growth and comparisons with their counterparts in shear transformations[J]. Metallurgical Transactions A, 1993, 24(2): 241-276.

[122] Kinsman K R, Eichen E, Aaronson H I. Thickening kinetics of proeutectoid ferrite plates in Fe-C alloys[J]. Metallurgical Transactions A, 1975, 6(2): 303.

[123] Enomoto M, Aaronson H I. Reply to comments by Doherty and Cantor and further work on computer modeling of the growth kinetics of ledged interphase boundaries[J]. Scripta Metallurgica, 1989, 23(11): 1983-1988.

[124] Gladman T. The physical metallurgy of microalloyed steels[M]. Oxford, UK: Maney Publishing, 2002.

[125] Smith C S. Grains, phases and interfaces: an interpretation of microstructure

[J]. Transactions of the Metallurgical Society of AIME,1948,175: 15-51.

[126] Gladman T. On the theory of the effect of precipitate particles on grain growth in metals. Proceedings of the Royal Society of London[J]. Series A, 1966, 294(1438): 298-309.

[127] Ashby M,Harper J,Lewis J. The interaction of crystal boundaries with second-phase particles[J]. Transactions of the Metallurgical Society of AIME, 1969, 245(2): 413-420.

[128] Nes E,Ryum N, Hunderi O. On the Zener drag[J]. Acta Metallurgica, 1985, 33(1): 11-22.

[129] Rios P R. Overview no. 62 A theory for grain boundary pinning by particles[J]. Acta Metallurgica,1987,35(12): 2805-2814.

[130] Manohar PA,Ferry M,Chandra T. Five decades of the Zener equation[J]. ISIJ international,1998,38(9): 913-924.

[131] Chen H,Van Der Zwaag S. Modeling of soft impingement effect during solid-state partitioning phase transformations in binary alloys[J]. Journal of Materials Science,2011,46(5): 1328-1336.

[132] Park J,Jung M,Lee Y K. Abnormal expansion during the ferro-to para-magnetic transition in pure iron[J]. Journal of Magnetism and Magnetic Materials,2015, 377: 193-196.

[133] Chen H,Zhu K, Zhao L, et al. Analysis of transformation stasis during the isothermal bainitic ferrite formation in Fe-C-Mn and Fe-C-Mn-Si alloys[J]. Acta Materialia,2013,61(14): 5458-5468.

[134] Fridberg J,Torndahl L E, Hillert M. Diffusion in iron[J]. Jernkontorets Ann, 1969,153(6): 263-276.

[135] Baker R G. Precipitation processes in steels[J]. ISI Spec Rep,1959,64: 1.

[136] Yang Z G,Enomoto M. Calculation of the interfacial energy of B1-type carbides and nitrides with austenite[J]. Metallurgical and Materials Transactions A, 2001,32(2): 267-274.

[137] Yang Z G,Enomoto M. Discrete lattice plane analysis of Baker-Nutting related B1 compound/ferrite interfacial energy[J]. Materials Science and Engineering: A,2002.

[138] Doherty R. Role of interfaces in kinetics of internal shape changes[J]. Metal Science,1982,16(1): 1-14.

[139] Howe J M. Interfaces in materials: atomic structure, thermodynamics and kinetics of solid-vapor, solid-liquid and solid-solid interfaces[M]. New York: Wiley-Interscience,1997.

[140] Hazzledine P. Grain boundary pinning in two-phase materials[J]. Czechoslovak Journal of Physics B,1988,38(4): 431-443.

[141] Hundert O, Nes E, Ryum N. On the Zener drag—Addendum [J]. Acta Metallurgica, 1989, 37(1): 129-133.

[142] Louat N. The resistance to normal grain growth from a dispersion of spherical particles[J]. Acta metallurgica, 1982, 30(7): 1291-1294.

[143] Deardo A. Niobium in modern steels[J]. International Materials Reviews, 2003, 48(6): 371-402.

[144] Nishioka K, Ichikawa K. Progress in thermomechanical control of steel plates and their commercialization[J]. Science and Technology of Advanced Materials, 2012, 13(2): 023001.

[145] Matsubara H, Osuka T, Kozasu I, et al. Investigation of metallurgical factors in the production of high strength steel plate with high toughness by controlled rolling[J]. Tetsu-to-Hagane, 1972, 58: 1848-1861.

[146] Furuhara T, Yamaguchi T, Miyamoto G, et al. Incomplete transformation of upper bainite in Nb bearing low carbon steels [J]. Materials Science and Technology, 2010, 26(4): 392-397.

[147] Fossaert C, Rees G, Maurickx T, et al. The effect of niobium on the hardenability of microalloyed austenite[J]. Metallurgical and Materials Transactions A, 1995, 26(1): 21-30.

[148] Lee K J, Lee J K. Modelling of γ/α transformation in niobium-containing microalloyed steels[J]. Scripta Materialia, 1999, 40(7): 831-836.

[149] Yuan X Q, Liu Z Y, Jiao S H, et al. The onset temperatures of γ to α-phase transformation in hot deformed and non-deformed Nb micro-alloyed steels[J]. ISIJ International, 2006, 46(4): 579-585.

[150] Edington J W, Russell K T. Practical electron microscopy in materials science [J]. Macmillan International Higher Education, 1977.

[151] Hutchinson B, Hagström J, Karlsson O, et al. Microstructures and hardness of as-quenched martensites (0.1-0.5% C) [J]. Acta Materialia, 2011, 59(14): 5845-5858.

[152] Andrews K W. Empirical formulae for the calculation of some transformation temperatures[J]. J Iron Steel Inst, 1965: 721-727.

[153] Ågren J. Computer simulations of the austenite/ferrite diffusional transformations in low alloyed steels [J]. Acta Metallurgica, 1982, 30(4): 841-851.

[154] Speer J, Matlock D, De Cooman B, et al. Carbon partitioning into austenite after martensite transformation[J]. Acta Materialia, 2003, 51(9): 2611-2622.

[155] Vaumousse D, Cerezo A, Warren P. A procedure for quantification of precipitate microstructures from three-dimensional atom probe data[J]. Ultramicroscopy, 2003, 95: 215-221.

[156] Hillert M, Staffansson L. Regular-solution model for stoichiometric phases and ionic melts[J]. Acta Chem Scand, 1970, 24(10): 3618-3626.

[157] Jin H, Elfimov I, Militzer M. Study of the interaction of solutes with Σ5 (013) tilt grain boundaries in iron using density-functional theory [J]. Journal of Applied Physics, 2014, 115(9): 093506.

[158] Sinclair C W, Hutchinson C R, Bréchet Y. The Effect of Nb on the recrystallization and grain growth of ultra-high-purity α-Fe: A combinatorial approach[J]. Metallurgical and Materials Transactions A, 2007, 38(4): 821-830.

[159] Okamoto R, Ågren J. Assessment of niobium segregation energy in migrating ferrite/austenite phase interfaces [J]. International Journal of Materials Research, 2010, 101(10): 1232-1240.

[160] Okamoto R, Ågren J. A model for interphase precipitation based on finite interface solute drag theory[J]. Acta Materialia, 2010, 58(14): 4791-4803.

[161] Geise J, Herzig C. Lattice and grain boundary diffusion of niobium in iron[J]. Z Metallkd, 1985, 76(9): 622-626.

在学期间完成的相关学术成果与所获奖励

完成的相关学术成果

[1] Dong H K, Chen H*, Wang W, et al. Analysis of the interaction between moving α/γ interfaces and interphase precipitated carbides during cyclic phase transformations in a Nb-containing Fe-C-Mn alloy[J]. Acta Materialia, 2018, 158: 59-69.

[2] 董浩凯,陈浩*,张弛,等.低合金钢中纳米碳化物相间析出行为的研究进展[J].中国材料进展,2018,037(6):403-409.

[3] Dong H K*, Zhang Y J, Miyamoto G, et al. A comparative study on intrinsic mobility of incoherent and semicoherent interfaces during the austenite to ferrite transformation[J]. Scripta Materialia, 2020, 188: 59-63.

[4] Dong H K*, Zhang Y J, Miyamoto G, et al. Unraveling the effects of Nb interface segregation on ferrite transformation kinetics in low carbon steels[J]. Acta Materialia, 2021, 215(1): 117081.

在学期间所获奖励

第 178 届日本 ISIJ 钢铁学会最优秀 poster 奖

日本 SMS&GIMRT 材料科学峰会年轻科学家 poster 奖

日本金属学会金属组织写真奖

2020 年度研究生国家奖学金

2018 年度清华大学综合二等奖学金

附录　相间析出碳化物对α/γ相界面的钉扎力推导

相间析出与移动 α/γ 界面的交互作用问题在理论上鲜有研究。由于界面析出的细小合金碳化物以规则阵列方式排布，这种析出相对界面的钉扎力可能远比用经典 Zener 公式计算的随机析出相的钉扎力要大。因此，有必要推导出一个更切实际的公式来定量描述相间析出的钉扎效应。

图 A.1(a)示意性地画出了基于台阶机制的相间析出碳化物对移动 α/γ 界面的钉扎过程。在这一机制下，界面主要通过阶面的横向移动来向前推进，而碳化物则形成在可移动性较差的台面上。当移动阶面碰到在上一个台面内析出的碳化物时，阶面将经历未钉扎、促进迁移、钉扎及摆脱钉扎这 4 个步骤。通常认为，在上一个台面上的碳化物需依靠新形成台面上的溶质原子沿着阶面扩散而实现生长，由此对移动阶面产生显著钉扎。相比之下，在新形成台面上的碳化物因尚处于形核阶段，体积分数较小，因此其产生的钉扎效果可忽略不计。

图 A.1(b)给出了移动界面与非共格析出相交互作用的经典图像。基于受力平衡原则，析出相对界面的钉扎力可表示为

$$F = 2\pi r\sigma\sin\theta\cos\theta \tag{A-1}$$

其中，F 是钉扎力；r 是析出相半径；σ 是移动界面的界面能。当 $\theta = 45°$ 时，F 取到最大值，即

$$F_{\max} = \pi r\sigma \tag{A-2}$$

对于相间析出这类情况，由于只有$\frac{1}{2}$的析出相与阶面接触，而另$\frac{1}{2}$则埋在铁素体基体内(见图 A.1(c))，因此它的实际钉扎力应为 $F_{\max}$ 的$\frac{1}{2}$，即

$$F_{\max}^{IP} = \frac{1}{2}\pi r\sigma \tag{A-3}$$

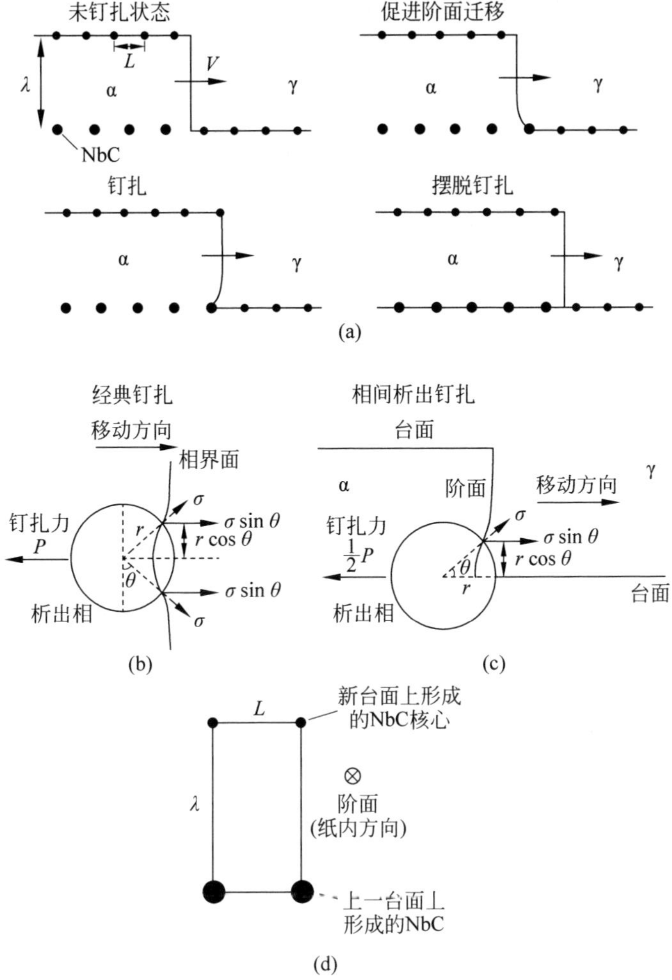

图 A.1　基于台阶机制的相间析出碳化物对移动 α/γ 界面的钉扎过程

(a) 移动阶面与碳化物的交互作用过程；(b) 经典 Zener 钉扎模型示意图；(c) 相间析出钉扎阶面示意图；(d) 单位阶面面积上的碳化物分布

给定相间析出的片间距、析出相体积分数及台面厚度分别为 λ、f 和 2δ，单位面积上的析出相数量则可表示为

$$\rho_{2D} = 2\delta\rho_{3D} = 2\delta\,\frac{f\,\dfrac{\lambda}{2\delta}}{\dfrac{4}{3}\pi r^3} = \frac{3f\lambda}{4\pi r^3} \tag{A-4}$$

假设析出相在台面上的分布是等距离的，那么析出相的平均间距则可以写成

$$L=\frac{1}{\sqrt{\rho_{2D}}}=\sqrt{\frac{4\pi r^3}{3f\lambda}} \tag{A-5}$$

另外，考虑到只有在上一个台面上形成的析出相可以诱导钉扎力(见图 A.1(d))，那么与阶面接触的单位面积上的析出相数量则可表示为

$$n=\frac{0.5}{\lambda L} \tag{A-6}$$

最后，联合式(A-3)～式(A-6)即可得到相间析出的钉扎力(P)及能量耗散值($\Delta G_{\mathrm{PF}}^{r}$)：

$$P=nF_{\max}^{\mathrm{IP}}=\frac{0.5}{\lambda L}\frac{1}{2}\pi r\sigma=\frac{\sigma}{4}\sqrt{\frac{3\pi f}{4r\lambda}} \tag{A-7}$$

$$\Delta G_{\mathrm{PF}}^{r}=PV_{\mathrm{m}}=\frac{\sigma V_{\mathrm{m}}}{4}\sqrt{\frac{3\pi f}{4r\lambda}} \tag{A-8}$$

根据式(A-7)和式(A-8)可知，相间析出的钉扎力(或能量耗散)不仅取决于析出相的体积分数和尺寸，还与片间距有关。换句话说，提高析出相体积分数、细化其尺寸和片间距是提高相间析出对移动界面钉扎的有效方式。

致谢

弹指一挥间，5 年的博士生涯已接近尾声。

首先由衷感谢导师杨志刚教授对我的悉心指导。杨老师治学严谨、淡泊名利的学术作风是我辈青年学习的楷模。在学期间，杨老师充分支持学生自由发展并鼓励学生出国交流的培养方式给予了我在科研路上极大的帮助，让我没齿难忘。

同时谨将我最诚挚的敬意献给我的另一位导师陈浩副教授。陈老师亦师亦友，不仅是我投身科研的引路人，更是我生活中的好朋友。陈老师对我毫无保留的科研支持及视如己出的生活关怀是我在博士研究生学习道路上披荆斩棘、硕果累累的不竭动力。

衷心感谢课题组张弛研究员对我的学术指导与殷切关怀，同时感谢何建国、丁然和刘赓师兄在我进行实验时给予我的热心帮助及与我进行的深入讨论，你们扎实的学术功底和无私助人的品质是我学习的榜样。

在日本东北大学金属材料研究所交流期间，承蒙古原忠教授、宫本吾郎副教授和张咏杰助教的细心指导和培养，让我学术见长，兴趣激增。实验室新房邦夫（工程师）、成田文代（秘书）、佐藤充孝（助教）、原田智树、池田幸平、菊地一茂、渡边未来、李莲、王振强等成员在我留日期间为我提供了许多科研和生活上的帮助，在此一并感谢。

荷兰代尔夫特理工大学 Sybrand van der Zwaag 教授给予本书中的诸多研究成果以宝贵的启示，并热心帮助我改进英语论文写作，在此致以衷心的感谢。老先生数十年如一日的严谨治学、敢于创新、勤奋工作、热爱生活的品质使我深受触动，亦是我学习的榜样。

特别感谢课题组毕业师兄杨泽南博士。杨博士从亲手教我磨样、热处理及模拟计算，到指导我入门相变研究，讨论工作就业，给予了我太多帮助，这份恩情我无以言谢。同时感谢实验室的王晨充、武慧东、张璁雨、陈虎、喻越、郑禹、夏礼栋、朱加宁、代宗标、万鑫浩、于云鹤、张博宁、范中定、安柏峰、张俊、李赛、姚英杰、霍晓杰、范璐瑶等全体师兄弟、同门的慷慨帮助，望各位一切顺利！

感谢谢俊伟、万坦、张扬胜等挚友的陪伴与鼓励，5 年同窗情，愿友谊长存！

最后，由衷地感谢家人们无私的支持与理解，尤其是我的未婚妻李乔盛女士。从本科到博士，这一路走来实属不易。没有你背后默默的陪伴与鼓励，此博士论文将难以完成。执子之手，与子偕老！我愿为你遮风挡雨，与你共赴余生。

本课题承蒙国家自然科学基金 No. 51771100 和“清华大学-日本东北大学联合培养项目”的资助，特此致谢。